U0396964

中國古代紀時考

張衍田 著

上海古籍出版社

图书在版编目(CIP)数据

中国古代纪时考 / 张衍田著. —上海：上海古籍
出版社，2019.4（2020.4重印）
ISBN 978-7-5325-9136-7

Ⅰ.①中… Ⅱ.①张… Ⅲ.①古历法-研究-中国
Ⅳ.①P194.3

中国版本图书馆 CIP 数据核字(2019)第 040288 号

中国古代纪时考

张衍田 著

上海古籍出版社出版发行

（上海瑞金二路 272 号 邮政编码 200020）

(1) 网址：www.guji.com.cn

(2) E-mail：guji1@guji.com.cn

(3) 易文网网址：www.ewen.co

常熟市新骅印刷有限公司印刷

开本 787×1092 1/32 印张 5.625 插页 9 字数 98,000

2019 年 4 月第 1 版 2020 年 4 月第 3 次印刷

ISBN 978-7-5325-9136-7

K·2607 定价：48.00 元

如有质量问题,请与承印公司联系

1 日象图

（贺西林、郑岩主编《中国墓室壁画全集·汉魏晋南北朝》，
河北教育出版社，2011年，图版三七，图版部分第30页）

2 乾隆兽耳八卦篆铭刻漏壶

（潘鼐编著《中国古天文图录》，上海科技教育出版社，
2009年，图版部分第24页）

3 常仪擎月图与羲和擎日图

（贺西林、郑岩主编《中国墓室壁画全集·汉魏晋南北朝》，
图版五八、五九，图版部分第49–50页）

4　楚帛书摹本

5　大盂鼎及铭文

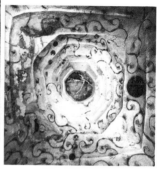
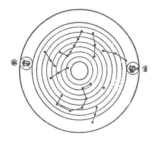
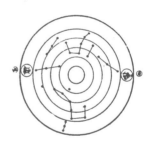

6 四象二十八宿星图及摹本

（潘鼐编著《中国古天文图录》，
图版部分第3页）

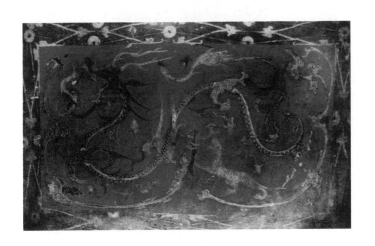

7 四神云气图

（贺西林、郑岩主编《中国墓室壁画全集·汉魏晋南北朝》，
图版一，图版部分第1页）

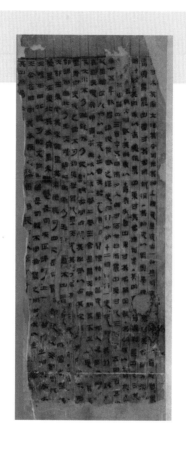

8 五星占·木星占

（裘锡圭主编《长沙马王堆汉墓简帛集成》，
中华书局，2014年，1册，第171–175页）

小　序

这本小书，虽字数不多，但其来历颇有机缘。二十世纪九十年代初，电视台要开播中华文明栏目，请北大教师撰写文稿。要求一篇文稿内容的文字量，以一次节目可以播完为准。北大历史系承接的篇目中，有一篇是《干支纪年》，系里主管此事的先生要我撰写。干支纪时，不仅纪年，还纪日、纪月，而且最早是用来纪日，而后又用来纪月，最后才用来纪年。用干支纪时，年不仅始于最后，且有其特有的缘由。上古时期，有岁星纪年法。岁星即木星，是天体五大行星之一，运行一周天需11.86年，岁星纪年法是以天体岁星十二年运行一周天为依据，这样，使岁星运行与纪年之间出现误差。于是，人们假想了一个天体，名其为太岁星。以太岁星每经整十二年运行一周天为依据用来纪年，这种纪年方法周而复始地使用，永远不会出现误差。这种纪年方法，即为太岁纪年法。太岁是一个假设的天体，它与岁星脱离关系后，成为一种纯粹的纪年方法。太岁纪年有年名，又有所在辰位名。辰位名六十个，用十干与十二支依次相配表示；年名六十个，由十岁阳与十二岁阴依次相配组成。这些年名，用字僻涩，拗口难读，很难记忆，不便使用，而用于表示太岁所在辰位的干支，却是人们十分熟悉的，并且早已用于纪日与纪月，既已习惯，又很实用。于是，人们便废弃太岁纪年的六十年名，而只留用表示太岁所在辰位的干支作为单纯的纪年符号。这样，便产生了干支纪年法。干支纪年法就是这样最后由太岁纪年法演变来的。干支纪时，先日后月，再后而年；纪年之法，先用实有天体之岁星，而后则用虚设天体之太岁，最后仅用干支作为纪年符号。中国古代纪时的这种演化情况，要通过电视展示，不要说求全日、月、年，即使只年，其设计也颇费斟酌，且展示需时太长，难以于短时说清。于是，这一篇目被撤消，给了我三百元的写作劳务费，就了结完事了。

电视展示的篇目撤消了，而我对古代纪时这一课题的兴趣却未减而反浓。人们要了解古代历史人物或历史事件，需要具备的最基本的历史知识之一，就是与人或事有关的时间，时间的重要性可想而知。于是，我开设了名为"中国古代文化知识"的选修课，专门讲授中国古代纪时问题。我在边上课、边研究的过程中，逐渐积累了古代纪时诸方面的资料。在我退休之后，又历多年，渐耘成文。文稿无意外投，遂交北京大学《儒藏》编纂与研究中心所编辑《儒家典籍与思想研究辑刊》审用。得《辑刊》刊载，以《古代纪时考述》的篇名发表在《辑刊》第九期，于2017年4月出版。上海古籍出版社胡文波先生看到本文后，旋即与北大"辑刊"联系，提出希望将本文交上海古籍出版社作为一本小书单独出版，以扩大该文的读者范围。得北大"辑刊"同意，上海古籍出版社将这本小书题名《中国古代纪时考》付梓面世。这里，庆幸先有北大《辑刊》的初载，继而又得上海古籍出版社的垂爱。对他们，由衷表示诚挚的深深谢意。

这本小书，文字与内容都难免有误，祈请方家与读者批评指正。

本是长文，书之则小，故谓小书。为小书序，故称小序云。

张衍田

二〇一七年十月五日

目　录

中华民族是一个伟大而古老的民族，有五千年的文明史。一代又一代的中华儿女，乘坐时间的列车，驶过往日，来到今天。正是时间，把人类从原始蒙昧的状态带到文明时代。时间，与人类的生息发展息息相关。所以，我们的祖先很早就注意认识时间，记录时间。相传黄帝时已经制定历法，创制纪时器具，这自是传说历史，不足凭信。根据文献记载与考古提供的资料，大约在中国夏代已经具备历法知识，并已采用一定的纪时方法。由此算起，至今已有将近四千年的历史。

本书分四部分，分别稽考梳理中国古代纪日、纪时刻与时辰、纪月、纪年之概略以述之。

第一篇

纪　日

一、释"日"

　　人类的时间意识，首先是从"日"开始的。今天，我们知道"日"是以地球自转运动为基础形成的时间单位，具体地说，"日"是地球自转一周所需用的时间。而上古的人们对"日"的认识，主要根据直观的天象。人们看到天上有一个日，也就是太阳，从东方升起，向西运行，然后从西方落下；从日出到日落大地一片光明，从日落到日出大地一片黑暗。日周而复始地循环出没，形成光明与黑暗有规律的交替出现。日出到日落这段时间，大地光明，就从事各种劳作；日落到日出这段时间，大地黑暗，就停下休息。这就是《庄子·让王篇》所描述的上古人民"日出而作，日入而息"的生活方式。周而复始的天象与由此而形成的有规律的生活方式，使人们逐渐产生一种时间概念，把日的出没一次，也就是一个白天黑夜，作为一个时间单位。这个时间单位是以日的出没周期为时段，于是称为"日"。

有了"日"的时间概念，尔后产生纪日方法。中国古代的纪日方法，最早使用十干，尔后采用干支依次相配组成的"六十甲子"，汉代始见数字纪日与干支纪日配合使用，清代后期又出现韵目纪日。

二、纪日方法

（一）十干纪日

干支是我们的祖先很早就创制的两种表示记数次第的符号。干即天干，共十个，依次为甲、乙、丙、丁、戊、己、庚、辛、壬、癸。支即地支，共十二个，依次为子、丑、寅、卯、辰、巳、午、未、申、酉、戌、亥。使用干支纪时，是中国特有的一种纪时方法。干支纪时最早是用于纪日，而干支纪日首先是使用十干，而后发展为干支相配。

大约在中国夏代，已经使用十干纪日的方法。这方面，目前还没有直接的考古资料作为确证。《尚书·益稷》记载禹回答舜的话说："娶于涂山，辛壬癸甲。启呱呱而泣，予弗子，惟荒度土功。"意思是说，我娶了涂山氏的女儿，辛日结婚，中经壬日、癸日，到甲日我就离开治水去了。后来，启生下来呱呱啼哭，我也顾不上抚爱他，心思全都用到了治理水土方面。《益稷》记载的虽是舜、禹时事，但系后人根据传闻而写成的追拟之作，约成文于战国时期，文中用词难免带有成文时代的痕迹。何况夏禹其人本来就是一个传说人物，将其娶妻时间肯定于十干某日，显系后人附益之说。所以，《益稷》所记禹时已用十干纪日之事，诚难信为实录。

中国上古时代，有"天有十日"的神话传说。《山海经·海外东经》："汤谷上有扶桑，十日所浴。在黑齿北，居水中。有大木，九日居下枝，一日居上枝。"又《山海经·大荒东经》："大荒之中，有山名曰孽摇頵羝，上有扶木，柱三百里，其叶如芥。有谷曰温源谷。汤谷上有扶木，一日方至，一日方出，皆载于乌。"这是说，古代有十个太阳，依次轮流出没，每个太阳当值一天，十天轮流一遍。天上的十个太阳从何而来？《山海经·大荒南经》说，帝俊之妻羲和生十日："东南海之外，甘水之间，有羲和之国。有女子名曰羲和，方浴日于甘渊。羲和者，帝俊之妻，生十日。"据学者考证，帝俊即帝喾，是商人始祖契的父亲。契与尧舜同时，曾佐禹治水，封于商。关于十日传说，还见于其他文献记载。如《庄子·齐物论》记载舜的话说："昔者十日并出，万物皆照。"又《淮南子·本经训》："逮至尧之时，十日并出，焦禾稼，杀草木，而民无所食。"《庄子》与《淮南子》所记"十日并出"的时间，一云舜前，一云尧时，这与《山海经》所说十日生于尧时的时间正相吻合。《竹书纪年》也有"天有十日"的记载，而时间系于夏代后期胤甲时期。据《太平御览》卷四《天部》四引《汲冢书》曰："胤甲居于河西，夫有妖孽，十日并出。"又言："本有十日，迭次而运照无穷。"《竹书纪年》所记时间虽然比上面三书推后了许多，但仍属夏代。由此可以推想，"天有十日"的神话传说产生于原始社会的末期到夏代这一时期。

天上太阳的数目怎么是十个呢？"天有十日"的神话传说，反映了上古时期人类对自然的认识水平。人们看到每天太阳东出西入，但是，太阳是从什么地方来的？又进入什么地方去了？夜间待在何处？是只有一个太阳每天东出西入呢，还是有好多个太阳而每天出来一个呢？这些问题，人们百思不得其解。当人们对数字的认识进展到十位数的时候，这种认识与对太阳出没的思考相结合，便产生了天有十日轮流出没的神话传说。人们认识了十位数，创制十干作为记数符号。天上十个太阳形状一样，行迹相同，人们便用十干作为表示十个太阳出没的序数予以区别。某个太阳当值之日，就用它的序数称呼它，于是序数也就成为十个太阳的名称，这就是甲日、乙日、丙日、丁日、戊日、己日、庚日、辛日、壬日、癸日。天上的十日形成地上昼夜晦明变化的十日，用十干记天上十日也就等于记地上十日，这样，十干也就成为记地上十日序数的符号。《左传》鲁昭公五年记载卜楚丘的话说"日之数十"，晋代杜预注"甲至癸"。"天有十日"的神话传说与十干的结合，反映了十干起源的历史事实，说明中国上古时期确曾采用十干纪日的方法。

据《史记·夏本纪》，夏启死后，其子太康、中康相继立。中康死，子相立。相死，子少康立。今人陈梦家在《殷虚卜辞综述》中提出，太康、中康、少康为太庚、中庚、少庚，系用十干取名。[①] 其时在夏代前期。夏代末期，夏王以十干取名的还有帝廑（《太平御览》卷八二引《竹书纪年》云"帝廑一名胤甲"）、孔甲、履癸（桀）。又据《史记·殷本纪》与甲骨卜辞，汤灭夏前，在生活于夏代的商王先公中，有六世用十干取名，即上甲微、报乙、报丙、报丁、主壬、主癸。从探求纪日方法的角度考察，可以推想，在夏代，当已使用十干纪日。

十干纪日，十日成为一个纪日单位，叫做旬。甲骨文"旬"字作"𠣪"、"𠣪"形，从"𠃌"上加一指事符号"乀"，是个指事字。"𠃌"象回环形，"乀"表示此字以限于回环一周为义。《说文》："旬，遍也。""旬"字本义，就是十干纪日由甲日至癸日循环一周。殷人虽已普遍使用干支相配组成的"六

---

① 该书第二章第一节《史书上的商王庙号》。

十甲子"纪日，但仍保持着以旬为纪日单位的习惯。甲骨文是殷代中后期的文字资料，主要记载占卜活动的内容，所以又称卜辞。在甲骨文中，有不少贞旬的卜辞，于上旬末日癸日卜问下旬（甲日至癸日）的吉凶祸福。如董作宾编《殷虚文字甲编》2122："癸酉卜，古贞：旬亡祸。二月。"又郭若愚编《殷契拾掇》第二编489："癸亥王卜，在乐，贞：旬亡祸。王固曰：吉。"由于继续沿袭以旬为纪日周期，所以，殷代自汤至纣三十王，一依夏制，全都使用十干取名。详下表：

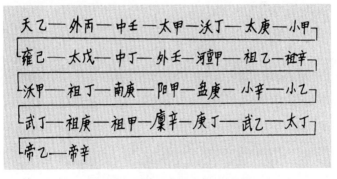

纪日图表1 《史记·殷本纪》殷王世系表

在卜辞中，记载占卜日期已全部使用干支相配的方法，而在贞卜的文字中却仍有很多只用十干纪日的语例。如《甲骨文合集》11423："甲申卜，宾贞：雫，丁亡贝。"又罗振玉编《殷虚书契前编》7.44.1：“乙卯卜，翌丙雨。”在上古文献中，也不乏十干纪日之例。如《周易·蛊卦》：“利涉大川。先甲三日，后甲三日。”先甲日三天为辛日，后甲日三天为丁日。又《周易·巽卦》：“九五：贞吉，悔亡，无不利，无初有终。先庚三日，后庚三日，吉。”先庚日三天为丁日，后庚日三天为癸日。又屈原《哀郢》：“去故乡而就远兮，遵江夏以流亡。出国门而轸怀兮，甲之朝吾以行。”甲之朝，即甲日的早晨。这些，显然都是十干纪日的遗俗。

（二）干支纪日

殷人制定月份，早期曾以规整的三十日为一月。每月的日数全为三十，用十干纪日，十日一个周期，为一旬，一月恰为三旬，每旬首日为甲日，末日为癸日，使用起来整齐方便。后来，有了大小月的分别，大月三十日，小月二十九日。每月的日数不再全是三十，仍按旬制三分之，则每旬的首末就不再全是甲日与癸日。十干纪日的循环周期本来就短，在旬制与十干周期不能整齐对应以后，使用起来很容易造成日期的错乱。于是，出现了十干与十二支相配的纪日方法，从甲子开始，干支依次两两相配，直到癸亥，组成六十个单位，称为“六十甲子”。如下表：

甲子	乙丑	丙寅	丁卯	戊辰	己巳	庚午	辛未	壬申	癸酉
甲戌	乙亥	丙子	丁丑	戊寅	己卯	庚辰	辛巳	壬午	癸未
甲申	乙酉	丙戌	丁亥	戊子	己丑	庚寅	辛卯	壬辰	癸巳
甲午	乙未	丙申	丁酉	戊戌	己亥	庚子	辛丑	壬寅	癸卯
甲辰	乙巳	丙午	丁未	戊申	己酉	庚戌	辛亥	壬子	癸丑
甲寅	乙卯	丙辰	丁巳	戊午	己未	庚申	辛酉	壬戌	癸亥

纪日图表2　十干与十二支相配对应表

甲骨文中记载占卜日期，全部使用干支纪日。如金祖同编《殷契遗珠》846："丙辰卜，品贞：禘于岳。"又《甲骨文合集》8155："庚子卜，宾贞：王往林。"另外，还有的甲骨上刻着干支表。甲骨文干支表有两种，一种是三旬式，从"甲子"至"癸巳"；一种是六旬式，从"甲子"至"癸亥"。这些干支表，不是用来记录占卜日期的，可能是用来检查记录占卜日期所用干支的正误的。由甲骨文提供的纪时实物资料足以证明，殷代中后期已经普遍使用干支纪日方法。

用干支纪日，一日一个干支名号，六十日一个周期，周而复始，循环不断，为十干纪日周期的六倍，更便于使用。可以推想，从殷代开始，干支纪日应已不间断地连续使用。但是，由于殷至西周时期文献缺乏，纪时资料残缺，所以，目前尚难贯通后世与殷代之间的纪日干支。今天，由延续至今的干支纪日向上逆推，准确而又连续的干支纪日可以推算到春秋时期。据《春秋》记载，鲁隐公三年二月己巳发生日食："三年春王二月己巳，日有食之。"根据科学计算，由延续至今的干支纪日向上逆推，这次日食发生的时间确在鲁隐公三年殷历（建丑）的二月己巳日。该月为周历（建子）三月，夏历（建寅）正月。以公元计，为公元前 720 年 2 月 22 日。今天可以推算出的准确而又连续的干支纪日，从这时算起，至今已有二千七百多年。

干支纪日虽可周而复始地连续使用，但它在每月中所表示的具体日期却无法知道。如果另有一个表示每月一个固定日期的名称与干支并用，就解决了这一难题。大约在西周后期，已经能够推算出朔日，并开始以朔日为月首。《诗经·十月之交》："十月之交，朔月辛卯。日有食之，亦孔之丑。"朔月，即月朔，也就是月之朔日。这是中国历史上对朔日的最早记载。本诗所写内容是西周末年的情况，此后，使用干支纪日，凡遇朔日，一般都在干支后面加一"朔"字。如《春秋》鲁桓公三年："秋七月壬辰朔，日有食之，既。"这样，只要知道一个月的朔日干支，这个月中所有干支日的具体日期便都可以推算出来。如《宋书·文帝纪》：元嘉"二十八年春正月丙戌朔，以寇逼不朝会。丁亥，索虏自瓜步退走。丁酉，攻围盱眙城"。

丙戌是这个月的初一日，则丁亥是初二日，丁酉是十二日。如遇不记朔日的月份，需要查检朔闰表一类的工具书解决，如陈垣著《二十史朔闰表》、方诗铭与方小芬合作编著《中国史历日和中西历日对照表》、张培瑜编著《中国先秦史历表》等。

干支纪日，可以利用一个甲子六十天的周期，发现史书纪时的错误。如《后汉书·光武帝纪》："更始元年正月甲子朔，……二月辛巳，……"甲子至辛巳，共十八日。辛巳属二月，甲子不当为正月的朔日；反之，甲子为正月的朔日，辛巳不当在二月。二者必有一误。更始元年，即王莽新朝的地皇四年。《汉书·王莽传》记载刘玄即帝位的时间是地皇四年"三月辛巳朔"。王莽岁首改建寅为建丑，所以王莽新时的三月，即建寅为正的二月。二月辛巳朔，甲子必非正月朔，当为正月十三日。如此，则《后汉书·光武帝纪》"正月甲子"下的"朔"字，当在"二月辛巳"下。干支纪日，还可以利用多个甲子周期计量较长的时间。《左传》鲁襄公三十年记载了一个利用甲子周期表示人的年岁的有趣故事。《左传》记载："二月癸未，晋悼夫人食舆人之城杞者，绛县人或年长矣，无子而往，与于食。有与疑年，使之年。曰：'臣，小人也，不知纪年。臣生之岁，正月甲子朔，四百有四十五甲子矣，其季于今三之一也。'吏走问诸朝。师旷曰：'鲁叔仲惠伯会郤成子于承匡之岁也。是岁也，狄伐鲁，叔孙庄叔于是乎败狄于咸，获长狄侨如及虺也、豹也，而皆以名其子。七十三年矣。'史赵曰：'亥有二首六身，下二如身，是其日数也。'[1] 士文伯曰：'然则二万六千六百有六旬也。'"这位老人不记得生之年月，只记得从自己出生至今已经过了四百四十五个甲子周期，而最后一个甲子周期刚到癸未，才过了三分之一。四百四十五个甲子是二万六千七百日，减去最后未到的四十日，则为二万六千六百日又六旬，即二万六千六百六十日。以每年三百六十五日又四分之一日计，则这位老人这一年正是七十三岁。

（三）数字纪日

干支纪日虽有诸多优点，但是也有局限性。它的最大局限，就是不能使人一看便知某干支日是该月的第几日。即使知道朔日干支，月中干支日的具体日期也需要经过推算；如果遇到不知朔日干支的月份，还得借助工具书，又增添不少翻检之劳。这些，都为使用带来不便。所以，人们很早就开始使用数字纪日方法。

---

[1] 史赵析"亥"之言，其义难解。历代诸说，此不赘引。

数字纪日方法出现的具体时间，目前尚难确言。《史记·孟尝君列传》记载孟尝君田文的生日时说："文以五月五日生。婴（文父）告其母曰'勿举也'，其母窃举生之。"司马贞《史记索隐》引《风俗通》云："俗说五月五日生子，男害父，女害母。"由此可以推想，先秦时期可能已行用数字纪日方法。

根据文献记载，汉代数字纪日已常与干支纪日配合使用。如《史记·三王世家》："太常臣充言：卜入四月二十八日乙巳，可立诸侯王。"又《后汉书·天文志》，在记载王莽于地皇四年被杀事时说"十月戊申，汉兵自宣平城门入。二日己酉，城中少年朱弟、张鱼等数千人起兵攻莽"；在记载光武帝建武年间的天象时说"三十一年七月戊午，火在舆鬼一度，入鬼中，出尸星南半度。十月己亥，犯轩辕大星。又七星间有客星，炎二尺所，西南行，至明年二月二十二日，在舆鬼东北六尺所灭，凡见百一十三日"。考古提供的资料，足可证实文献的记载。考古发现的汉代简册中，有一些历谱，其中有的历谱就是采用数字与干支配合纪日的方法。目前掌握的数字纪日与干支纪日配合使用的最早实物资料，是汉武帝时的《元光元年历谱》。这个历谱是1972年在山东省临沂县银雀山二号汉墓出土的，共三十二简。第一简纪年，上写"七年历日"。这年是汉武帝七年，所以简上写"七年"；后改用年号，此年为元光元年，所以今称之为"元光元年"。第二简纪月,以十月为岁首,年终置闰,从十月依次排列至后九月,共十三个月,每月都标明大月、小月。第三简至第三十二简纪日,把全年十三个月中各月同一日的干支依月次写在同一简上,各简的上端用数字标明该简所记日的序数。详下表:

	干支\日\月\年	七年视日											
		十月大	十一月小	十二月大	正月大	二月小	□	四月大	五月小	六月小	七月大	八月小	九月大	后九月小
03	□	□	□	□	戊午	戊子	丁巳	丁亥	丙辰	丙戌	乙卯	乙酉	甲寅	甲□
04	□	□	□	□	□	己丑	戊午	戊子	丁巳	丁□	丙辰	丙戌	乙□	乙□
05	三	辛卯	辛酉	庚寅	庚申	□	己未	己丑	戊午	戊□	丁巳	□	□	
06	□	壬辰	壬戌	辛卯	辛酉	辛卯	庚申	庚寅	己未	己丑	戊午	戊子	丁巳	丁亥
07	□	癸巳	癸亥	壬辰	壬戌	壬辰	辛酉	辛卯	庚申	庚寅	己未	己丑	戊午	戊子
08	□	□	□	□巳	□亥	癸巳	壬戌	壬辰	辛酉	辛卯	庚申	庚寅	己未	□
09	七	乙未	乙丑	甲午	甲子	甲午	癸亥	癸巳	壬戌	壬辰	辛酉	辛卯	庚申	庚寅
10	八	丙申	丙寅	乙未	乙丑	乙未	甲子	甲午	癸亥	癸巳	壬戌	壬辰	辛酉	辛卯
11	九	丁酉	丁卯	丙申	丙寅	丙申	乙丑	乙未	甲子	甲午	癸亥	癸巳	壬戌	壬辰

续　表

		七年觇日												
年／干支／月／日		十月大	十一月小	十二月大	正月大	二月小	□□小	四月小	五月大	六月小	七月大	八月小	九月大	后九月小
12	十	戊戌	戊辰	丁酉	丁卯	丁酉	丙寅	丙申	乙丑	乙未	甲午	甲子	癸亥	癸巳
13	十一	己亥	己巳	戊戌	戊辰	戊戌	丁卯	丁酉	丙寅	丙申	乙丑	乙未	甲子	甲午
14	十二	庚子	庚午	己亥	己巳	己亥	戊辰	戊戌	丁卯	丁酉	丙寅	丙申	乙丑	乙未
15	十三	辛丑	辛未	庚子	庚午	庚子	己巳	己亥	戊辰	戊戌	丁卯	丁酉	丙寅	丙申
16	十四	壬寅	壬申	辛□	辛□	辛丑	庚午	庚子	己巳	己亥	戊辰	戊戌	丁卯	丁酉
17	十五	癸卯	癸酉	壬□	壬申	壬寅	辛未	辛丑	庚午	庚子	己巳	己亥	戊辰	戊戌
18	十六	甲辰	甲戌	□□	□□	癸卯	壬申	壬寅	辛未	辛丑	庚午	庚子	己巳	己亥
19	□□	□□	□巳	乙亥	甲戌	甲辰	癸酉	癸卯	壬申	壬寅	辛未	辛丑	庚午	庚子
20	十八	丙午	丙子	乙巳	乙亥	□巳	甲戌	甲辰	癸酉	癸卯	壬申	壬寅	辛未	辛丑
21	十九	丁未	丁丑	丙午	丙子	丙午	乙亥	乙巳	甲戌	甲辰	癸酉	癸卯	壬申	壬寅
22	廿	戊申	戊寅	丁未	丁丑	丁未	丙子	丙午	乙亥	乙巳	甲戌	甲辰	癸酉	癸卯
23	廿一	己酉	己卯	戊申	戊寅	戊申	丁丑	丁未	丙子	丙午	乙亥	乙巳	甲戌	甲辰
24	廿二	庚戌	庚辰	己酉	己卯	己酉	戊寅	戊申	丁丑	丁未	丙子	丙午	乙亥	乙巳

续　表

		七年视日												
	干支日＼年月	十月大	十一月小	十二月大	正月大	二月小	□□月□	四月小	五月大	六月小	七月大	八月小	九月大	后九月小
25	廿三	辛亥	辛巳	庚戌	庚辰	庚戌	己卯	己酉	戊寅	戊申	丁丑	丁未	丙子	丙午
26	廿四	壬子	壬午	辛亥	辛巳	辛亥	庚辰	庚戌	己卯	己酉	戊寅	戊申	丁丑	丁未
27	廿五	癸丑	癸未	壬子	壬午	壬子	辛巳	辛亥	庚辰	庚戌	己卯	己酉	戊寅	戊申
28	廿六	甲寅	甲申	癸丑	癸未	癸丑	壬午	壬子	辛巳	辛亥	庚辰	庚戌	己卯	己酉
29	廿七	乙卯	乙酉	甲寅	甲申	癸□	癸未	壬午	壬子	辛巳	辛亥	庚辰	庚戌	
30	廿八	丙辰	丙戌	乙卯	乙酉	乙卯	甲申	甲寅	癸未	癸丑	壬午	壬子	辛巳	辛亥
31	廿九	丁巳	丁亥	丙辰	丙戌	丙辰	乙酉	乙卯	甲申	甲寅	癸未	癸丑	壬午	壬子
32	卅	戊午		丁巳	丁亥		丙戌		乙酉		甲申		癸未	

纪日图表3　汉武帝元光元年历谱

　　在东汉碑刻的纪时文字中，也有不少以数字纪日与干支纪日配合使用。如《帝尧碑》："熹平四年十二月十日癸卯立。"又《溧阳长潘乾校官碑》："光和四年十月己丑朔，廿一日己酉造。"也有只用数字而不用干支的，如《圉令赵君碑》记立碑时间云："初平元年十二月廿八日立。"①

　　数字纪日通过直观即可知道具体日期，在社会生活中比干支纪日更便实用。中国古代，数字纪日与干支纪日两种纪日方法长期并行，在社会生活中或用干支，或用数字，或二者并用；而史家写史，却始终坚持使用干支纪日。直至清朝灭亡，干支纪日被宣布废止，才被数字纪日所取代。

　　今天，已经不再使用干支纪日，但是，某些节日及特定的日期还依然需用干支进行推算。如：把一年中最热的时间叫做伏天，共有三伏，俗有"热在三伏"的说法。伏天开始的日期，就是由纪日干支决定的，规定夏至后第三个庚日入伏（称初伏）。一伏十天，所以第四个庚日入中伏。又规定立秋后第一个庚日入末伏，也就是人们所说的"秋后一伏"。如果夏至后的第五个庚日在立秋前，则中伏就不是十天而是二十天。所以，一般年份三伏共三十天，有的年份三伏却是四十天。又如：今天还保留着称农历十二月为腊月的习惯。腊月的名称是怎么来的呢？原来，腊是一种祭祀名称。《说文》："腊，冬至后三戌腊祭百神。"年终祭祀百神叫做腊祭，腊祭在冬至后第三个戌日进行叫做腊日，而有腊日的月份便被称为腊月。冬至

_____

① 　以上三碑文，分别见于宋人洪适编撰《隶释》卷一、卷五、卷十一。

一般年份在十一月的下半月，则腊日必在十二月，所以称十二月为腊月。后来，人们把腊日固定在十二月初八日，今天，社会上还流传着喝"腊八粥"的习俗。

（四）韵目纪日

一个汉字，有它的形、音、义。所以，自古以来，中国文字学研究的对象，包括字形、字音、字义三个方面。研究字音的书称韵书，产生于魏晋时期。古人写诗填词，讲求押韵，依据的就是韵书。韵书收字，按字的音韵编排，但历代韵书的分韵情况不尽相同。隋代陆法言所编《切韵》分193韵，北宋陈彭年等人所编《广韵》分206韵。金哀宗正大年间王文郁所编《平水新刊韵略》分106韵，称平水韵。平水韵106韵，分为平、上、去、入四声，而平声又分为上平、下平。这样，形成四声五部分，即：上平声15韵，下平声15韵，上声29韵，去声30韵，入声17韵。韵书从每韵中取一字作为该韵的代表字，用来为该韵标目。这个用来作为各韵标目的代表字，叫做韵目。韵目纪日，就是用平水韵的韵目用字指代一个月中的各日。具体做法是：五部分韵目都从月的一日数起，以韵目的序号指代日期，即各部分第一韵的韵目用字指代该月一日，第二韵的韵目用字指代该月二日等。如此，一日至十五日每日有五个韵目指代字，十六日至十七日每日有三个韵目指代字，十八日至二十九日每日有两个韵目指代字，三十日有一个韵目指代字。公历大月有三十一日，无韵目用字指代，则另外取用"世"、"引"二字指代。

如下表：

一	东先懂送屋	九	佳青蟹泰屑	一七	篠霰洽	二五	有径
二	冬萧肿宋沃	一〇	灰蒸贿卦药	一八	巧啸	二六	寝宥
三	江肴讲绛觉	一一	真尤轸队陌	一九	皓效	二七	感沁
四	支豪纸寘质	一二	文侵吻震锡	二〇	哿号	二八	俭勘
五	微歌尾未物	一三	元覃阮问职	二一	马箇	二九	赚艳
六	鱼麻语御月	一四	寒盐旱愿缉	二二	养祃	三〇	陷
七	虞阳麌遇曷	一五	删咸潸翰合	二三	梗漾	三一	世引
八	齐庚荠霁黠	一六	铣谏叶	二四	迥敬		

纪日图表 4　平水韵韵目指代公历每月各日表

韵目纪日法出现于清代后期，最初使用于中文电报纪日。如：中国近代史资料丛刊《辛亥革命·蒙古起义清方档案·宣统三年十月十三日陈夔龙致内阁电》："据宣化黄镇电称，派驻库伦之杨管带振烈真电禀'库独立，全营拔回'等语，特闻。龙。元。"元，是平水韵上平声第十三韵的韵目用字，这里用来指代日期，表明发电报的时间是该月的十三日。有的重大历史事件也使用韵目纪日法表示。如：1927 年 5 月 21 日，湖南长沙驻军军官许克祥叛变革命，率所部残杀共产党员和工农群众。二十一日的韵目纪日用字有"马"，史称"马日事变"。

第二篇

纪时刻与时辰

这里的"时",是指把一昼夜划分为若干时段形成的时间单位。

古代时制,前后分为两个阶段:最初,只是把一昼夜划分为若干个不等时的时段,每个时段只是表示一个大致的时间范围;后来,逐渐形成时段的等时制。

一、人对"日"分时段的早期认识

人们有了"日"的概念之后，随着生活与生产活动的需要，又逐渐将"日"分为若干个时段。"日"是以太阳的出没周期形成的时间单位，日出则明，日入则暗；明则劳作，暗则休息。所以，首先认识的时段是昼、夜，而尤为重视的是对昼的时段的区分。

将昼分为若干时段，主要根据对太阳出没运行的观察，同时辅以人们长期形成的生活规律。

为"日"区分时段的意识，发生在人类的原始时期，我们很难推断出它的具体时间。根据考古提供的资料，在山东省大汶口文化晚期遗址，发现陶器上有一些刻画符号，其中有的有明显的象形表意特点，如"🌅"、"🌄"二形，"○"象征太阳，"〰"象征日出时托日的云气，"〰〰"象征山峰。"🌅"当是生活在平原地带与海边的人们看到的日出景象，"🌄"当是生活在山区的人们看到的日出景象。"🌅"有人释为"旦"

字，可从。那么，"⿱巛⿳"应是"⿱山"的繁体。从历史发展阶段看，属于新石器时期，距今约有四五千年的时间。这就是说，早在四五千年以前，我们的祖先就已经有了借助观察天象进一步把一天的时间区分为若干时段的意识。甲骨文中，"旦"作"⊝"，象日初出时与其影相接之形。后来，人们对天象的观察日益细密，于是用日出与月落同时出现在东、西方的两种天象表示日出天亮这一种时间概念，在创制文字时，就创制了一个"朝"字。朝，甲骨文作"⿱"形，"⊙"象日，"⟩"象月，"⿰"象草木丛。字的构形，象东方日初出刚显露在草木丛中而西方残月已沉没在草木丛中的情景，即日初出时尚有残月之象。旦、朝二字，如果从大的时段说，同指日出时的这段时间；如果细加分别，则旦早于朝，即旦指太阳刚出现在地平线上的时候，朝指太阳从地平线上升起的时候。太阳西落，由明转暗，白天（昼）结束，这个时段的界限也十分明显，甲骨文中称为"各（落）日"。人们经过长期观察，掌握了日落时景象的主要特征，那就是一轮红日徐徐下落，最后沉没于大地的草木丛中。后来，人们创制文字时，就创制了一个"莫"字。莫，甲骨文作"⿱"形，象日落草木丛中之形。《说文》："莫，日且冥也。"本义是日将沉没之时。此字后来写作"暮"。人们观察太阳的行迹，还有一个明显的时段界限，就是太阳走到天空正中的时候，它把太阳从出到落的行迹分割为前后两个大致相等的时段，在甲骨文中称为"日中"。

根据人们的生活规律，每日早晚各有一餐。日出后过一段时间吃早饭，甲骨文中称为"大食"，自日出至大食为朝，又称"大采"；到日落尚有一段时间吃晚饭，甲骨文中称为"小食"，小食的这段时间又称"郭兮"，自小食至日落为暮，又称"小采"。太阳从中日向西运行，渐渐下降，运行到中日、小食的中间时，其位置偏斜到西南方向，甲骨文中称为"昃"。这样，从日出到日落，甲骨文中共分为旦、朝（大采）、大食、中日、昃、小食（郭兮）、暮（小采）、各（落）日等八个时段。在先秦文献中，提到一些表示白天时段的名称，但未超出甲骨文中已有的这些。

将夜分为若干时段，主要根据对星象的观测，同时辅以物候。

《周礼·秋官司寇》司寤氏之职："司寤氏掌夜时，以星分夜。"又《诗经·女曰鸡鸣》："女曰鸡鸣，士曰昧旦。子兴视夜，明星有烂。将翱将翔，弋凫与雁。"人们认识夜间的时段，要比认识白天的时段困难得多。白天有太阳作标志，太阳的出、没、正中就是三个时段，人们一天早晚两餐又是两个时段。夜间则不同，虽有一轮明月，但是它的出没不像太阳定时，时有时无，时早时晚，而对星星运行方位的认识又不是短期可以做到的，要定出与中日相对的半夜时分，实非易事。所以，人们对夜间时段的划分，首先借助对太阳出、没时段的认识，最早是从与太阳出、没有关联的两个时段开始的。日出以前，天色于昏暗中已显亮光，甲骨文中称为"妹旦"，又省称"妹"。妹，即昧，暗也；旦，明也。妹旦，既暗又明，暗中泛亮的时候。日落以后，天色变暗，但是仍有余光，甲骨文中称为"昏"。在甲骨文中，除用"夕"表示整个夜间外，表示夜间时段的只有"妹（昧）"、"昏"两个词。[①] 在先秦文献中，提到一些表示夜间时段的名称。如"鸡鸣"、"昧旦"，《诗经·女曰鸡鸣》："女曰鸡鸣，士曰昧旦。"又"夜中"，《春秋》鲁庄公七年："夏四月辛卯夜，恒星不见。夜中，星陨如雨。"杜预注："云夜中者，以水漏知之。"又"夜半"，《左传》鲁庄公十六年："六月，卫侯饮孔悝酒于平阳，重酬之。大夫皆有纳焉。醉而送之，夜半而遣之。"这些文献产生于春秋战国时期，所记都是春秋时事。

从以上情况大致可以作出如下推断：(1) 古人对昼夜时段

---

① 甲骨文中昼夜时段的划分，参阅陈梦家撰《殷虚卜辞综述》，中华书局 1988 年版，第 229—233 页。

的认识，是先昼后夜，而且经过了一个相当漫长的过程；
(2) 殷代还处于时段的不等时阶段，春秋时期已经具备时段由
不等时发展到等时的条件。

二、"日"分时段的等时制

中国古代的等时制度，主要有时刻计时制与时辰计时制。

（一）时刻计时制

中国古代创制一种等时的时刻计时器具，叫做漏刻。漏指漏壶，刻指刻箭。漏刻计时器的形制有多种，但其计时原理大致相同。以浮箭漏为例。浮箭漏包括漏壶与箭壶。箭壶中立插一根标杆，称为箭；上面刻着等分的度数，称为刻。箭壶口装有一个有孔的壶盖，箭的上方穿过盖孔露出壶外。箭的下端固定在一个与箭垂直平放的木片上，这个木片称为箭舟。漏壶安装在箭壶的上方，里面装水，水从水孔连续而均匀地漏入箭壶中，箭舟浮在水面上，水涨船高，箭随着壶中水位的升高连续而均匀地上升，显露在壶上方的箭上所标刻度也随之连续而均匀地变化。这种计时器具，"孔壶为漏，浮箭为刻"，① 所以称为浮箭漏刻。

漏刻计时，起源很早。古代传说"黄帝创观漏水，制器取则，以分昼夜"，② 自不足信。有人认为可能创制于殷代，也仅是一种分析推测。根据文献记载，在周代，至迟到了春秋战国时期，漏刻计时已经广泛使用。《周礼·夏官司马》挈壶氏之职："凡军事，县（悬）壶以序聚柝。凡丧，县壶以代哭者。皆以水火守之，分以日夜。及冬，则以火爨鼎水而沸之，而沃之。"这是说，凡有军事行动，挈壶氏官员悬挂漏水壶计算时刻，用来排列敲击木梆值夜警卫的人的次序，以便按时轮流更换。凡遇丧事，挈壶氏官员悬挂漏水壶计算时刻，以便服丧的人按时轮流更换着哭。计时的漏水壶白天黑夜都有专人看守，并备有水火，水用来添补漏水壶中漏去的水，使壶中的水不致枯竭；火用来照明，以便观察时刻。到了冬天，在盛水的鼎下用火加温，防止水冻结冰，把水烧沸，而后倒入壶中。这里讲的，就是漏刻计时之制，说明周代已有专门负责漏刻计时的机构与官员。据《史记·司马穰苴列传》记载，春秋后期，晋、

---

① 《后汉书·律历志下》。
② 《隋书·天文志》。

燕二国分别从西、北两个方面侵伐齐国，齐景公命穰苴率军抗敌，而让权臣庄贾监军。穰苴"与庄贾约曰：'旦日日中会于军门。'穰苴先驰至军，立表下漏待贾"。这里说，穰苴立木以观日影，悬漏以视时刻。

中国古代长期使用的漏刻计时，是把一昼夜等分为一百刻，即百刻制。《说文》："漏，以铜受水，刻节，昼夜百节。"百节，即百刻。一日百刻，分为昼、夜两部分，谓之昼漏与夜漏。昼夜的划分，一般以太阳的出没为标准。一年之中，昼夜不全是等长。二分日（春分与秋分），昼、夜等长，则昼漏、夜漏各五十刻。二至日（夏至与冬至），夏至昼最长、夜最短，冬至昼最短、夜最长，则规定夏至昼漏六十刻，夜漏四十刻；冬至反之，昼漏四十刻，夜漏六十刻。《尚书·尧典》孔颖达《尚书正义》引马融云："古制刻漏，昼夜百刻。昼长六十刻，夜短四十刻。昼短四十刻，夜长六十刻。昼中五十刻，夜亦五十刻。"如果用明亮与黑暗作为标准来区分昼夜，则日出前与日没后都有一段天色明亮的时间，人们也将它们作为白天看待，于是规定日出前二刻半为明，日没后二刻半为昏，明、昏共五刻，由夜漏转入昼漏。这样，二分日，昼漏五十五刻，夜漏四十五刻；二至日，夏至昼漏六十五刻，夜漏三十五刻，冬至昼漏四十五刻，夜漏五十五刻。二至把一年的日数分为大致相等的两个部分，其间的昼夜漏刻各相差二十刻，平均九天多依次递增或递减一刻。南朝梁代《漏刻经》："至冬至，昼漏四十五刻。冬至之后日长，九日加一刻，以至夏至，昼漏六十五刻。夏至之后日短，九日减一刻。或秦之遗法，汉代施用。"[1] 但是，事实上，每日昼长的变化并不相等，所以，这种等分日数增减漏刻的做法难与实际相合。根据《后汉书·律历志》记载，东汉和帝永元十四年（102），霍融上言："官漏刻率九日增减一刻，不与天相应，或时差至二刻半，不如夏历密。"由此引起一次关于刻制的讨论。主管官员提出："漏刻以日长短为数，率日南北二度四分而增减一刻。""今官漏率九日移一刻，不随日进退。夏历漏刻随日南北为长短，密近于官漏，分明可施行。"于是，从此以后，开始改以太阳去极度（距离北极的度数）的变化为标准增减漏刻，每改变二点四度，漏刻增减一刻。这虽然仍为近似值，但已比九日加减法精确合理。

中国古代长期与百刻制并行的等时制，还有十二时辰制。一百刻被十二时辰平分，既得不出整数，又无法分尽，每一时

---

[1] 唐代徐坚编撰《初学纪》卷二十五引，中华书局1962年版，第595页。

辰等于八刻又三分之一刻。这种情况，很不便于二者的折合换算。于是，自汉代以来，不断有人提出改革百刻制的主张。最早提出改革百刻制的，是西汉后期成帝时的甘忠可。汉哀帝时，接受甘氏学生夏贺良的建议，于建平二年（前5）六月下诏"漏刻以百二十为度"，① 行一百二十刻制。颜师古注："旧漏昼夜共百刻，今增其二十。此本齐人甘忠可所造，今贺良等重言，遂施行之。"但是，时至当年八月，即宣布废止，仍用百刻制。不久，王莽于居摄三年（8）又规定"漏刻以百二十为度"，② 改行一百二十刻制。莽新短命而亡，旋复百刻之制。南北朝时期，南朝梁代武帝天监六年（507）改为九十六刻制，武帝大同十年（544）又改为一百零八刻制。这些，也都只使用了几十年，到陈代文帝天嘉年间（560～566）便又恢复了百刻制。《隋书·天文志》："至天监六年，武帝以昼夜百刻，分配十二辰，辰得八刻，仍有余分，乃以昼夜为九十六刻，一辰有全刻八焉。至大同十年，又改用一百八刻。""陈文帝天嘉中，亦命舍人朱史造漏，依古百刻为法。"自此以后，百刻之制历代相沿，直至明末。明朝末年，于崇祯七

---

① 《汉书·哀帝纪》与《李寻传》皆记其事。
② 《汉书·王莽传》。

年（1634）编成《崇祯历法》，未及颁行而明亡。来华的天主教耶稣会传教士日耳曼人汤若望，将《崇祯历法》删繁存要，改名《西洋新法历书》进呈清朝政府。清朝政府据此编制民用历书，名为《时宪历》。《清史稿·时宪志》记载汤若望论清代《时宪历》与旧历的诸多不同，其中提到："曰改定时刻，定昼夜为九十六刻。"清朝改用一日九十六刻制，直至清朝灭亡。

（二）时辰计时制

把一昼夜等分为若干时辰的时辰计时制，也出现很早。《诗经·大东》："跂彼织女，终日七襄。虽则七襄，不成报章。"这是说，由三颗星连成三角形的那个织女星，一夜走了七个时辰，也没能来回穿梭织成布匹。又《诗经·东方未明》："不能辰夜，不夙则莫。"莫，即今"暮"字。这是说，劳动人民白天劳作一天，夜间的时辰本应休息，但是，实际上，仍被驱使劳作，不是让早起，就是让晚睡，把夜间两头的时辰也都给占用了。这些诗篇，大约创作于西周后期至春秋前期。它告诉我们，当时已有时辰的划分；但是，时辰究竟如何划分及具体划分为多少时辰，这些都还无从知晓。

1. 一日四时制

最早记载一日具体划分为若干时辰的，见于《左传》。

根据记载，中国最早行用一日四时制。《左传》鲁昭公元年记载："君子有四时，朝以听政，昼以访问，夕以修令，夜以安身。"这是说，一日分为四个时段：朝、昼、夕、夜。《国语》、《淮南子》也有一日四时的记载。《国语·鲁语下》："诸侯朝修天子之业命，昼考其国职，夕省其典刑，夜儆百工使无慆淫，而后即安。卿大夫朝考其职，昼讲其庶政，夕序其业，夜庀其家事，而后即安。士朝而受业，昼而讲贯，夕而习复，夜而计过无憾，而后即安。自庶人以下，明而动，晦而休，无日以怠。"《淮南子·天文训》："禹以为朝、昼、昏、夜。"一日分为四时，如何划分呢？郑玄注《尚书大传》"日之朝"、"日之中"、"日之夕"云："平旦至食时为日之朝，隅中至日跌为日之中，晡时至黄昏为日之夕。"① 郑玄是用东汉使用的一日十二时等分一日四时。如此等分，则上古一日四时与后世所行一日十二时的对应关系如下图（纪时辰图表1）。

2. 一日十时制

先秦时期，曾行用一日十时制。《左传》鲁昭公五年记载：

---

① 《后汉书·五行志》刘昭注引。

纪时辰图表1　一日四时制图

"日之数十，故有十时，亦当十位。自王已下，其二为公，其三为卿。日上其中，食日为二，旦日为三。"这是说，一日分为十个时段。这里的"十位"，指人的等级，《左传》鲁昭公七年传文谓之"十等"，且记有十等的名称："天有十日，人有十等，下所以事上，上所以共神也。故王臣公，公臣大夫，大夫臣士，士臣皂，皂臣舆，舆臣隶，隶臣僚，僚臣仆，仆臣台。"一日十时的名称，上古文献不见记载，西晋初年杜预为《春秋左传》作注时说："日中当王，食时当公，平旦为卿，鸡鸣为士，夜半为皂，人定为舆，黄昏为隶，日入为僚，晡时为仆，日昳为台。隅中、日出，阙不在第，尊王、公，旷其位。"根据杜注，十时名称依次为：夜半、鸡鸣、平旦、食时、日中、日昳、晡时、日入、黄昏、人定。但是，杜预的解释，是把后世十二时辰中的十个时名作为上古一日十时的名称。因为传文首言"日上其中"，并以"食日为二，旦日为三"，未言日中与食时中间的隅中，也没有提到食时与平旦中间的日出，所以杜预删去了隅中、日出两个时辰的名称，说它们不在十时次第之内，以求与传文相符。我们如果以日中与夜半为界将一日等分为二，则自夜半至日中中隔三个时辰，自日中至夜半却中隔五个时辰，显然，十个时段不等时。所以，可以肯定，杜预之说，决非上古十时之名。

《隋书·天文志》在记述上古的漏刻制度时，提及上古昼夜的十个时辰："昼：有朝，有禺，有中，有晡，有夕。夜：有甲、乙、丙、丁、戊。"《隋志》所说上古一日十时的名称，并不全是源于上古，特别是夜间五个时辰的名称，当是汉魏以来才有的提法。东汉卫宏撰《汉旧仪》："昼漏尽，夜漏起，省中用火，中黄门持五夜：甲夜、乙夜、丙夜、丁夜、戊夜也。"[1]《颜氏家训·书证》："汉魏以来，谓为甲夜、乙夜、丙夜、丁

---

[1] 南朝梁代昭明太子萧统编《文选》卷五十六陆佐公撰《新漏刻铭》李善注引。

夜、戊夜。"显然,《隋志》所云上古昼夜十时之名,只是以今释古而已,并不是上古当时的十时名称。

今人杨伯峻在所著《春秋左传注》中,注释"十时"说:"据《易》、《诗》、《书》、《三礼》、《左传》诸书考之,大概有鸡鸣(亦曰夜乡晨、鸡初鸣)、昧爽(亦曰昧旦)、旦(亦曰日出、见日、质明)、大昕(亦曰昼日)、日中(亦曰日之方中)、日昃(亦曰日下昃)、夕、昏(亦曰日旰、日入)、宵(亦曰夜)、夜中(亦曰夜半)等名。"① 根据杨注,十时名称依次为:夜中、鸡鸣、昧爽、旦、大昕、日中、日昃、夕、昏、宵。杨注十时名称,只是综合众书提到的时名作出的推断,所以仅以"大概"言之。

上古一日十时的名称,今天我们还难确言。

3. 一日十六时制

秦汉时期,曾经把一昼夜分为十六个时辰,行用一日十六时制。

《论衡·说日》云:"日昼夜行十六分。"又云:"夫复五月之时,昼十一分,夜五分。六月,昼十分,夜六分。从六月往至十一月,月减一分。"一日分为十六个时段,全年十二个月

----

① 见《春秋左传注》鲁昭公五年注,中华书局1981年版,第1264页。

昼夜时段的分配，根据王充的说法，当如下表：

月份	正月	二月	三月	四月	五月	六月	七月	八月	九月	十月	十一月	十二月
昼时	7	8	9	10	11	10	9	8	7	6	5	6
夜时	9	8	7	6	5	6	7	8	9	10	11	10

纪时辰图表 2　一日十六时昼夜时段分配表

五月是夏至所在月，昼长夜短；十一月是冬至所在月，昼短夜长。二月与八月是二分（春分与秋分）所在月，昼夜等长。自二至或自二分算起，依次每月昼夜递增或递减一时。《论衡》一日十六时的划分，已得到考古资料的证实。1975年12月，在湖北省云梦县睡虎地十一号秦墓出土简书十种，其中有《日书》两种。为便于区别，分别称为《日书》甲种与《日书》乙种。两种《日书》有一份相同的全年十二个月昼夜时段的分配表，原文是："正月日七夕九，二月日八夕八，三月日九夕七，四月日十夕六，五月日十一夕五，六月日十夕六，七月日九夕七，八月日八夕八，九月日七夕九，十月日六夕十，十一月日五夕十一，十二月日六夕十。"秦简与《论衡》记载相同，说明秦汉时期确曾行用一日十六时制。

秦汉时期一日十六时的名称是什么呢？《淮南子·天文

训》："日出于旸谷。浴于咸池，拂（接近）于扶桑，是谓晨明。登（升）于扶桑，爰始将行，是谓朏明。至于曲阿，是谓旦明。至于曾泉，是谓蚤食。至于桑野，是谓晏食。至于衡阳，是谓隅中。至于昆吾，是谓正中。至于鸟次，是谓小还。至于悲谷，是谓餔时。至于女纪，是谓大还。至于渊虞，是谓高舂。至于连石，是谓下舂。至于悲泉，爰止其女，爰息其马，是谓县（悬）车。至于虞渊，是谓黄昏。至于蒙谷，是谓定昏。"《淮南子》说太阳在一日行程中历经自旸谷至蒙谷十六个处所，并将这段行程所需时间划分为自晨明至定昏十五个时段。《左传》鲁僖公五年孔颖达《春秋左传正义》："晨者，《说文》云'晨，早昧爽也'，谓夜将旦，鸡鸣时也。"晨明，当为鸡鸣时。定昏，在黄昏后，当为人定时。太阳升到地平线上以前与太阳落到地平线下以后，都有一段时间在地平线上有亮光。从开始有亮光到日出与从日落到亮光消失这两段时间，天文学上谓之矇影。薄树人主编《中国天文学史》指出："晨明约相当天文矇影的开始，即天上开始出现曙光。朏明约相当民用晨昏矇影的开始，这时天已相当亮了，可以进行各种户外工作。""黄昏约为民用矇影结束，定昏是天文矇影结束。"① 晨明

---

① 科学出版社 1981 年版，第 117 页。

是曚影的开始，定昏是曚影的结束，则自晨明至定昏实为太阳由明至晦的一段行程所经历的时间。自蒙谷至旸谷，再由旸谷至咸池，这是由晦至明的一段行程，它所经历的时间文中没有提到。既然定昏为人定时，晨明为鸡鸣时，则自定昏至晨明之间正是半夜时分，作为纪时名称，谓之夜半。这样，太阳运行一日所经十六处所各有一个纪时名称（所缺一时姑以夜半代之），二者的对应关系如下表：

处所	旸谷	咸池	扶桑	曲阿	曾泉	桑野	衡阳	昆吾	鸟次	悲谷	女纪	渊虞	连石	悲泉	虞渊	蒙谷
时名	夜半	晨明	朏明	旦明	蚤食	晏食	隅中	正中	小还	餔时	大还	高舂	下舂	县车	黄昏	定昏

纪时辰图表 3　日行十六处所纪时名称表

《淮南子》划分时段的依据是太阳一昼夜行经的十六个处所，而这十六个处所都是来源于古代传说，并非现实中所实有。因为只是以传说中所说某地的方位为依据划分时段，所以，虽然分一昼夜为十六时，但是所分时段是不等时的。旦明为日出时，下舂为日入时，自旦明至正中中隔三个时段，自正中至下舂却中隔四个时段；自下舂至夜半中隔三个时段，自夜半至旦明仅中隔两个时段。《楚辞·天问》："出自汤谷，次于蒙汜，自明及晦，所行几里？"汤谷，即旸谷。蒙汜，即蒙谷水边。显然,《淮南子》与《天问》所记述的有关太阳的传说同出一源,一脉相承,而屈原在《天问》中发问,说明这种传说产生的时代已相当久远。《淮南子》根据古代传说所分十六时,很可能原有所本,但是,恐与当时社会实际使用的十六时制不尽相同。

汉代使用的十六时名称,可以通过综合考察散见于文献与简册中的时辰名称知其梗概。

《史记》:

《项羽本纪》:"项王乃西从萧晨击汉军而东,至彭城,日中,大破汉军。"又:"平明,汉军乃觉之。"

《吕后本纪》:"日餔时,遂击产。"

《孝文本纪》:"皇帝即日夕入未央宫。"

《孝景本纪》:"五月丙戌地动,其蚤食时复动。"

《天官书》:"出西方,昏而出阴,阴兵强;暮食出,小弱;夜半出,中弱;鸡鸣出,大弱:是谓阴陷于阳。其在东方,乘明而出阳,阳兵之强;鸡鸣出,小弱;夜半出,中弱;昏出,大弱:是谓阳陷于阴。"又:"旦至食,为麦;食至日昳,为稷;昳至餔,为黍;餔至下餔,为菽;下餔至日入,为麻。"

《留侯世家》:"五日,良夜未半往。"

《彭越列传》："与期旦日日出会，后期者斩。旦日日出，十余人后，后者至日中。"

《淮阴侯列传》："常数从其下乡南昌亭长寄食，数月，亭长妻患之，乃晨炊蓐食。食时信往，不为具食。"又："平旦，信建大将之旗鼓，鼓行出井陉口。"又："吾困于此，旦暮望若来佐我。"

《主父偃列传》："朝奏，暮召入见。"

《汉书》：

《五行志》："日中时食从东北，过半，晡时复。"又："晡时食从西北，日下晡时复。"又："元帝永光元年四月，日色青白，亡景，正中时有景亡光。"又："夜过中，星陨如雨，长一二丈，绎绎未至地灭，至鸡鸣止。"

《东方朔传》："旦明，入山下驰射鹿豕狐兔。"

《后汉书》：

《来歙列传》："臣夜人定后，为何人所贼伤，中臣要害。"

《冯异列传》："日昃，贼气衰。"

《耿弇列传》："自旦攻城，日未中而拔之。"

《坚镡列传》："镡与建义大将军朱祐乘朝而入，与鲔大战武库下，杀伤甚众，至旦食乃罢，朱鲔由是遂降。"

《党锢列传》："共宿，夜中密呼静。"

《孔融列传》："闻之怃然，中夜而起。"

《文苑列传》："沐浴晨兴，昧旦守门。"

《方术列传》："日将中，天北云起，须臾大雨，至晡时，湔水涌起十余丈。"

综合《史记》、《汉书》、《后汉书》提到的时辰名称，依次有：夜未半—夜半（夜中、中夜）—夜过中—鸡鸣—晨（乘明）—平旦（旦、旦明、昧旦、平明）—日出—蚤食（旦食）—食时（食）—日未中（日将中）—日中（正中）—日昳（昳、日昃）—晡时（晡、餔时、餔）—下晡（下餔）—日入—昏（夕）—暮食—人定。

汉代简册提到的时辰名称，根据陈梦家在《汉简缀述》中的综述，[1] 依次有：夜少半—夜半—夜大半—鸡鸣—晨时（大晨、晨）—平旦（旦、日旦）—日出—蚤食—食时—东中—日中—西中（日失中、日失、日过中）—餔时—下餔—日入—昏时（夜昏、黄昏）—夜食—人定。

从上述考察的结果不难看出，《史记》、《汉书》、《后汉书》与汉简提到的时辰相同，共有十八个，只是个别时辰的名称稍有不同。这里还有一个问题：既是等时制，每个时辰的时段应

---

[1] 中华书局1980年版，第253页。

该等长，以二分日的日出与日入、日中与夜半四个时辰将一日的时间分为四个等份，其余十四个时辰无法将四个等份再予等分。问题在哪里呢？陈梦家在研究汉简中的时辰名称后指出："西汉时至少有了十六时分，很可能是十八时分。"[①] 陈氏既然序列了十八个时辰名称，为什么不肯定是十八时制呢？因为他认为："夜半分为夜少半、夜半、夜大半，尚有待进一步的确定。"陈氏的态度是审慎的。我们知道，汉人习惯于用少半表示数的三分之一，用大半表示数的三分之二，这样，夜少半有可能是表示入夜三分之一时分，夜大半有可能是表示入夜三分之二时分，所以，实难确认它们是三分夜半形成的时辰名称。十八个名称中除去夜少半与夜大半，还有十六个，如下图（纪时辰图表4）。

一日分为十六时辰，以夜半与日中为界将一日等分，各有八个时辰，每一时辰的时段等长，又与秦简《日书》、《论衡·说日》的记载相互吻合。我们将文献与简册记载的同时辰异名称者取用后世沿用的名称，则十六时辰名称如下表（纪时辰图表5、纪时辰图表6）。

---

① 前引《汉简缀述》第 256 页。

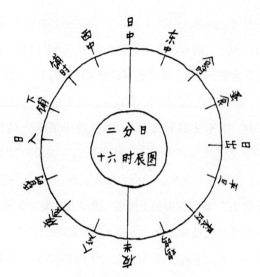

纪时辰图表 4　二分日十六时辰图

十六时	夜半	鸡鸣	晨时	平旦	日出	蚤食	食时	隅中	日中	日昳	晡时	下晡	日入	黄昏	夜食	人定

纪时辰图表 5　十六时辰名称表

十六时	夜中	夜过中	鸡鸣	平旦	日出	凤食	莫食	日中	日西中	昏则	日下则	日未入	日入	昏	夜莫	夜未中

纪时辰图表 6　秦放马滩简《日书》甲种十六时辰名称表

4. 一日十二时制

中国古代长期使用的时辰计时制，是把一日分为十二个时辰，即一日十二时制。

一日分为十二时辰，并用十二支表示，始于何时，说法不一。有人认为始于汉代。顾炎武《日知录》卷二十："古无以一日分为十二时之说。"又说："自汉以下，历法渐密，于是以一日分为十二时。盖不知始于何人，而至今遵用不废。"清代赵翼《陔余丛考》卷三十四："一日十二时始于汉。"又说："其以一日分十二时，而以干支为纪，盖自太初改正朔之后，历家之术益精，故定此法。"有人提出始于西周。薄树人主编《中国天文学史》："在西周时代就应该有一天分十二时辰的制度。"①《中国大百科全书·天文学》："西周时代，为了计量时间，根据太阳的周日视运动，把一天分为十二个等长的时段，用子、丑、寅、卯、辰、巳、午、未、申、酉、戌、亥十二支来表示。"②

稽之文献，一日分为十二时，并用十二支表示，不见于先秦文献。到了汉代，始有"加时"的记载。加者在也，时指时辰。《论衡·谰时》"十二月建寅卯，则十二时所加寅卯也"句，黄晖《论衡校释》："加、建，并犹'在'也，月言'建'，日言'加'。"③《后汉书·郎顗传》"日加申"，李贤注："日在申时也。"

---

① 科学出版社 1981 年版，第 117 页。
② 中国大百科全书出版社 1980 年版，第 89 页。
③ 商务印书馆（长沙）1939 年版，第 982 页。

所谓"加时",就是指在某个时辰。如《史记·历书》:"正北,冬至加子时;正西,加酉时;正南,加午时;正东,加卯时。"又《汉书·五行志》:"日以戊申食,时加未。"又《汉书·翼奉传》:"乃正月癸未,日加申,有暴风从西南来。"既已用支表示时辰,而支只有十二个,由此推之,西汉时期应该已有一日十二时之制,只是未见明确提出一日分为十二时的记载。文献中最早提到一日分为十二时,见于东汉初年王充的《论衡》。《论衡·谰时》:"一日之中分为十二时:平旦,寅;日出,卯也。"

汉时一日十二时之制,是始行于汉代,还是承袭于前代?过去,文献无征;今天,我们借助于考古提供的资料,完全可以作出判断。1975年在湖北省云梦县睡虎地十一号秦墓出土的乙种《日书》中,记有与十二支相配的十二时辰名称,原文是:"鸡 鸣, 丑; 平 旦,寅;日出,卯;食时,辰;莫食,巳;日中,午;杲,未;下市,申;舂日,酉;牛羊入,戌;黄昏,亥;人定, 子。"前面残缺五字,最后残缺一字,当如所补。中间"莫"字,后世写作"暮";"杲"字,有人认为当是"日失"二字之误,日失即日昳。一日分为十二时辰,并将时辰名称与十二支相配,这是目前已知的最早记载。从秦简的这条记载可以说明:这种纪时制度秦代已经流行;秦是一个短命王朝,仅存十四年,所以这种纪时制度产生的时间定在秦代之前，至迟也当在战国时期。

通过以上考察，可得出如下结论：秦汉时期，并行一日十六时与一日十二时两种时辰制度。

秦简记载的十二时辰名称与后世使用的十二时辰名称不完全相同。后世使用的十二时辰名称，最早见于西晋初年杜预撰《春秋左氏经传集解》。① 时辰名称，依次为：

十二时	夜半	鸡鸣	平旦	日出	食时	隅中	日中	日昳	晡时	日入	黄昏	人定

纪时辰图表 7　十二时辰名称表

一日从半夜开始，夜半为子时，以下依次一一对应，所以《论衡》记载"平旦，寅；日出，卯"。如此十二时与十二支相配，其对应关系，如下表：

十二时	夜半	鸡鸣	平旦	日出	食时	隅中	日中	日昳	晡时	日入	黄昏	人定
十二支	子	丑	寅	卯	辰	巳	午	未	申	酉	戌	亥

纪时辰图表 8　十二时与十二支对应表

---

① 《左传》鲁昭公七年杜预注。

一日分为十二时辰，以日出（卯时）与日入（酉时）为界，昼五个时辰，夜五个时辰。因为日出前与日入后天色都较明亮，所以，古代长期把日出、日入两个时辰归入白天，而把自黄昏（戌时）至平旦（寅时）五个时辰作为夜间，称为五夜，又谓之五鼓、五更。卫宏《汉旧仪》："中黄门持五夜：甲夜、乙夜、丙夜、丁夜、戊夜也。"《论衡·谢短》："鼓之致五。"《汉书·百官公卿表》记载，"詹事，秦官"，"属官太子率更"。颜师古注："掌知漏刻，故曰率更。"秦时已以率更作为职掌时间的官名，则更之名秦代已有。《颜氏家训·书证》："或问：'一夜何故五更？"更"何所训？'答曰：'汉魏以来，谓为甲夜、乙夜、丙夜、丁夜、戊夜；又云鼓，一鼓、二鼓、三鼓、四鼓、五鼓；亦云一更、二更、三更、四更、五更。皆以五为节。《西都赋》亦云："卫以严更之署。"所以尔者，假令正月建寅，斗柄夕则指寅，晓则指午矣。自寅至午，凡历五辰。冬、夏之月，虽复长短参差，然辰间辽阔，盈不过六，缩不至四，进退常在五者之间。更，历也，经也，故曰五更尔。'"《颜氏家训》这段话说得十分明白，夜间五更是一日十二个时辰中的五个时辰，有人把它说成是由先秦一日十时制的夜间五时演变来的，显然是一种误解。

古代还把一日十二时辰的每个时辰分为两个部分。这种做法，汉代已见记载。《汉书·律历志》："天统之正，始施于子半，日萌色赤。地统受之于丑初，日肇化而黄，至丑半，日牙化而白。人统受之于寅初，日孳成而黑，至寅半，日生成而青。"半，又谓之"正"。《隋书·天文志》："冬至，日出辰正，入申正。""春、秋二分，日出卯正，入酉正。""夏至，日出寅正，入戌正。"宋代使用百刻制，每个时辰折合八刻又六分之二刻。一分为二，则时初、时正各为四刻又六分之一刻。《宋史·律历志》在记述皇祐漏刻时说："每时初行一刻至四刻六分之一为时正，终八刻六分之二则交次时。"北宋哲宗元祐七年（1092），由苏颂主持、韩公廉设计制造了元祐浑天仪象，后世称之为水运仪象台。约高十二米，宽七米，分为三层。它包括浑仪、浑象、报时器三个部分。上层放置浑仪，进行天文观测。中层放置浑象，有昼夜机轮，自己运转，真实地反映天象。下层设置木阁，为报时系统。每逢时初，有木人从阁门中出来摇铃报时；每逢时正，有木人从阁门出来敲钟报时。

一日十二个时辰，每个时辰分为两个小时辰，则共为二十四个小时辰。清代钱大昕《十驾斋养新录》卷十七："一日分十二时，每时又分为二，曰初、曰正，是为二十四小时。"今天，一昼夜分为二十四小时，一时辰恰为二小时，一小时辰恰为一小时。今天的时间单位"小时"，即由"小时辰"得名。

古代十二时辰制与现代二十四小时制的对应关系，如下图：

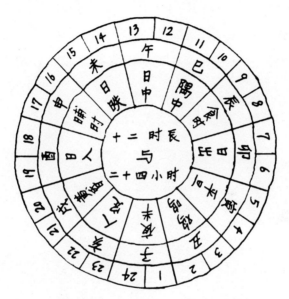

纪时辰图表 9　十二时辰与二十四小时对应图

第三篇

纪　月

人类早期对时间的认识，首先是从"日"开始的。其后，由"日"向外扩展，便产生了"月"的概念。

一、释"月"

今天，人们已经知道，月球是地球的一个卫星，它除自转外，要按照一定的轨道围绕地球旋转，同时还要伴随地球围绕太阳公转。月球本身不发光，月球的亮光是太阳光照射到月球上的。随着月球、地球、太阳三个天体在运转中相互之间位置的变化，地球上所见月球被太阳照亮部分的多少也随之不时地发生变化，呈现出盈亏（圆缺）的各种形状。月球明亮部分的不同形状，称为月相。"月"是以月球围绕地球公转运动为基础形成的时间单位，具体地说，"月"是月球绕地球公转过程中月相盈亏的一个周期所需用的时间。

上古的人们对"月"的认识，主要根据对月相的观察。屈原在《天问》中发问"夜光何德，死则又育"，反映了上古人们对月球由亏而盈，由盈而亏，消失之后又生出新月这种月相周期性变化的认识水平。本来，从日落到日出这段时间，大地一片黑暗，幸而有一轮明月在日落之后出现在天空，为黑暗的大地带来光明。但是，看到的月亮形状不像太阳那样总是圆的，而是有时圆，有时不圆，不圆的形状又有多种，有时甚至还看不到。月亮时无时有，有时又由不圆而圆，再由圆而不圆，这些月相周而复始有规律地出现。人们经过长期观察，认识了月相的这种周期性变化，于是逐渐产生了一种时间概念，将月相的一个变化周期作为一个时间单位。这个时间单位，是以月相的变化周期为时段，于是称为"月"。

二、纪月方法

古代纪月，主要使用数字，其次使用干支，另外还有一些表示月份的特殊名称。

（一）数字纪月

数字纪月，一年十二个月除一月又称"正月"、"元月"外，其余月份都用数字表示，如正月、二月、三月、四月等。

在各种纪月方法中，数字纪月方法起源最早。根据文献资料，编辑在《大戴礼记》中的《夏小正》，是中国最古老的历法，相传为夏代历法的遗存。《礼记·礼运》记载孔子的话说："我欲观夏道，是故之杞，而不足征也，吾得夏时焉。"司马迁在《史记·夏本纪》中说："孔子正夏时，学者多传《夏小正》。"在《夏小正》中，一年分为十二月，一月称正月，自二月至十二月都用数字表示月份的序数。《夏小正》大约成书于春秋时期，书中虽然保存了不少春秋以前的历法资料，但是，目前尚难确证其中有属早至夏代的月历记录。所以，为慎重起见，对夏代的月历情况，这里姑且不论。

根据考古资料，在最早的可识文字殷代甲骨文中，就是使用的数字纪月方法。如罗振玉编《殷虚书契后编》下1.5："月一正曰食麦。"月一正，是说一月又叫正月。又孙海波编《甲骨文录》94："癸卯卜，行贞：𥝰日更蚩。在正月。"又郭沫若主编《甲骨文合集》301："己未卜，㱿贞：缶其来见王。一月。"又董作宾编《小屯·殷虚书契甲编》2122："癸酉卜，古贞：旬亡祸。二月。"又贝塚茂树编《京都大学人文科学研究所藏甲骨文字》1618："壬辰卜，旅贞：今夕亡祸。三月。"又罗振玉编《殷虚书契后编》上11.11："癸巳卜，在八桑，贞：王旬亡祸。在四月。"又姬佛陀编《戬寿堂所藏殷虚文字》6.7："丙申卜，行贞：父丁岁物。在五月。"又商承祚编《殷契佚存》11："丙午卜，王令蚩臣于兒。六月。"又罗振玉编《殷虚书契前编》5.28.6："丙子卜，宾贞：方其大出。七月。"又罗振玉编《殷虚书契前编》5.9.2："癸亥卜，王贞：余从侯专。八月。"又罗振玉编《殷虚书契前编》2.6.6："癸亥卜，黄贞：王旬亡祸。在九月。正人方在雇。"又罗振玉编《铁云藏龟之余》5.1："戊辰卜，出贞：商受年。十月。"又郭若愚编《殷契拾掇第二编》195："贞：今日其雨。十一月。在甫鱼。"又容庚编《殷契卜辞》31："壬辰卜，大贞：翌已亥侑于兄。十二月。"又林泰辅编《龟甲兽骨文字》2.20.1："癸亥卜，贞：王旬亡祸。在十月又二。"十月又二，即十又二月，也就是十二月。由甲骨文的纪时材料，足证殷代已以十二个月作为月份序数的周期，并采用数字纪月方法。

数字纪月方法使用时间最长，从上古一直沿用到今天。

（二）干支纪月

采用干支纪月，又有斗建、甲子月、月阳与月阴等几种不同的纪月方式。

1. 斗建

人们在对天象的长期观测过程中，很早就发现了北斗星的斗柄在不同季节的黄昏时所指的方向不同。关于斗柄昏时所指方向与季节的关系，《鹖冠子·环流》说："斗柄东指，天下皆春；斗柄南指，天下皆夏；斗柄西指，天下皆秋；斗柄北指，天下皆冬。"春秋战国时期，随着天文学的发展，为使斗柄指示的方向与月份配合，人们将斗柄所指东、南、西、北四个方位进而划分为十二个方位，对应代表四季的十二个月，分别用十二辰表示。序数十二，从冬至所在的月份十一月算起；十一月是仲冬，昏时斗柄指向正北，所以正北为子。东北方位是丑、寅，分别是十二月、正月。仲春二月，昏时斗柄指向正东，为卯。以下类推。这就是中国古代历法上所说的"斗建"。斗建之说最早见于《淮南子·天文训》的记载。《淮南子·天文训》："帝张四维，运之以斗。月徙一辰，复反其所。正月指寅，十二月指丑。一岁而匝，终而复始。"关于斗建的意义，《史记·天官书》："直斗杓所指以建时节。"又《史记·历书》裴骃《史记集解》："随斗杓所指建十二月。"依此理解，建者，建置。所谓斗建，就是依照北斗星的旋转运行计算月令，以斗柄昏时所指方位建置月份。又《论衡·谰时》"十二月建寅卯，则十二时所加寅卯也"句，黄晖《论衡校释》："加、建，并犹'在'也，月言'建'，日言'加'。"依此理解，建者，在也。所谓斗建，就是依照北斗星的旋转运行确定月份与辰位的对应关系，斗柄昏时所指方位即该月所在辰位。如十一月为建子之月、正月为建寅之月等，即十一月在子、正月在寅等。所以又称"月建"，言月所在之辰。如下图：

纪月图表1　斗建图

2. 甲子月

在利用斗建纪月之后，又出现了使用十干与十二支依次相配组成的"六十甲子"纪月的方法。一年的始月是正月，正月建寅，所以用六十甲子纪月，从第一个寅月丙寅开始。显然，甲子月实是斗建纪月的扩展。斗建月将一年内的十二个月用十二支固定下来，而后再依次配以十干，即成甲子月。一年十二个月，五年六十个月，正好一个甲子周期。用干支纪年，按十干周期计，十年一个周期。用干支分别纪年与纪月，则一个十干年周期，正好是两个干支月周期，即甲、乙、丙、丁、戊五年一个干支月周期，己、庚、辛、壬、癸五年又一个干支月周期。十干年与干支月的周期关系，如下表：

十干年＼月序＼甲子月	正月	二月	三月	四月	五月	六月	七月	八月	九月	十月	十一月	十二月
甲·己	丙寅	丁卯	戊辰	己巳	庚午	辛未	壬申	癸酉	甲戌	乙亥	丙子	丁丑
乙·庚	戊寅	己卯	庚辰	辛巳	壬午	癸未	甲申	乙酉	丙戌	丁亥	戊子	己丑
丙·辛	庚寅	辛卯	壬辰	癸巳	甲午	乙未	丙申	丁酉	戊戌	己亥	庚子	辛丑
丁·壬	壬寅	癸卯	甲辰	乙巳	丙午	丁未	戊申	己酉	庚戌	辛亥	壬子	癸丑
戊·癸	甲寅	乙卯	丙辰	丁巳	戊午	己未	庚申	辛酉	壬戌	癸亥	甲子	乙丑

纪月图表2　十干年与干支月周期关系表

3. 月阳与月阴

以十干为序表示月在，给月另取一个名称。这套月名，叫做月阳。《尔雅·释天》："月在甲曰毕，在乙曰橘，在丙曰修，在丁曰圉，在戊曰厉，在己曰则，在庚曰窒，在辛曰塞，在壬曰终，在癸曰极。"如此，月阳月名与月在的对应关系，如下表：

月阳	月在	甲	乙	丙	丁	戊	己	庚	辛	壬	癸
	月名	毕	橘	修	圉	厉	则	室	塞	终	极

纪月图表3　月阳表

一年十二个月，每月都另有一个名称。《尔雅·释天》："正月为陬，二月为如，三月为寎，四月为余，五月为皋，六月为且，七月为相，八月为壮，九月为玄，十月为阳，十一月为辜，十二月为涂。"这套月名，与月建具有对应关系。正月建寅，正月为陬，以月阳的表述方式言之，就是月在寅为陬。干为阳，支为阴，这套月名就是月阴。如此，月阴月名与月在的对应关系，如下表：

月阴	月序	正月	二月	三月	四月	五月	六月	七月	八月	九月	十月	十一月	十二月
	月在	寅	卯	辰	巳	午	未	申	酉	戌	亥	子	丑
	月名	陬	如	寎	余	皋	且	相	壮	玄	阳	辜	涂

纪月图表4　月阴表

月阴中的有些月名，在先秦文献中已有记载。如"陬"，屈原《离骚》开头两句："帝高阳之苗裔兮，朕皇考曰伯庸。摄提贞于孟陬兮，惟庚寅吾以降。"东汉王逸注："正月为陬。"

正月是春天的始月，为孟春，所以谓之"孟陬"。又"余"，《诗经·小明》："昔我往矣，日月方除。"除，即"余"。郑玄注："四月为除。"又"玄"，《国语·越语下》："至于玄月，王召范蠡而问焉。"三国吴韦昭《国语解》："谓鲁哀十六年九月也。"又"阳"，《诗经·采薇》："曰归曰归，岁亦阳止。"《诗经·杕杜》："日月阳止，女心伤止。"郑玄于二诗"阳"字皆注云："十月为阳。"由上引资料可以推知，月阴的有些月名出现很早，后在长期使用过程中，逐渐形成一年十二个月的成套别名，到秦汉之际，被系统地记载在《尔雅》中。自汉至清，还可以偶见好古学者使用月阴月名纪时。如清代李豫撰《重刊辽金纪事本末跋》于文末记其写跋时间云："光绪二十八年岁次元黓摄提格阳月。"元黓摄提格，即玄黓摄提格，清代避康熙帝名讳改"玄"作"元"。玄黓摄提格，太岁纪年，即壬寅年。阳，月阴月名，即亥月，也就是夏正十月。清代王引之撰《经籍纂诂序》于文末记其写序时间云："岁在屠维协洽相月之朔。"屠维协洽，太岁纪年，即己未年。相，月阴月名，即申月，也就是夏正七月。

这套月阴月名各月名称的意义，两千年来，人们不得其解。晋代郭璞为《尔雅》作注时说："皆月之别名。……其事、义皆所未详通，故阙而不论。"历代虽有学者强为解说，但多为根据字义主观臆断。1942年，在湖南长沙东郊子弹库王家祖山（又名纸源冲）战国楚墓中出土一件帛书，上面绘有彩色图像和毛笔墨书文字九百余字。所记内容，其中有帝名、神名、四时名、月名等。帛幅略近正方形，四方配以春、夏、秋、冬四时，每时三月，共十二个月。在帛幅四周的边缘上，每月都配有一个异样的神怪形象，每个神像旁边用文字说明神名、职司及月忌等情况。四时的末月，即三、六、九、十二等四个月月神的职司分别是"司春"、"司夏"、"司秋"、"司冬"，由此可知，四时末月的月神，同时也分别是各时的时神。这里值得注意的是，帛书每月的神名与《尔雅》月阴的月名基本相同。请看下表：

月序	正月	二月	三月	四月	五月	六月	七月	八月	九月	十月	十一月	十二月
帛书月神名	取	女	秉	余	缺	叡	仓	臧	玄	昜	姑	荼
《尔雅》月名	陬	如	寎	余	皋	且	相	壮	玄	阳	辜	涂

纪月图表5 《尔雅》月阴月名与子弹库帛书月神名对照表

取与陬、女（汝）与如、秉与寎、叡与且、仓与相、臧与壮、姑与辜，两两同音通用。昜，古阳字。缺、荼，字书未收，不识。荼，从构形分析，与涂同从余得音，当与涂同音，所以二字可以通用。缺，有人认为，"此字从九得音，九、皋古为双声叠韵，故知觖、皋异形而同音"。① 由此可知，《尔雅》记载的月阴月名，原来是各月的司月神名。据学者考证，这件帛书的年代，当在战国中期或者还要更早一些。这说明，这套月名在战国中期以前已经形成。

月阳与月阴两套月名依次相配，用以纪月，组成自"毕陬"至"极涂"六十个新月名。如下表：

月名	月在	月名	月在	月名	月在	月名	月在	月名	月在
毕陬	甲寅	修陬	丙寅	厉陬	戊寅	窒陬	庚寅	终陬	壬寅
橘如	乙卯	圉如	丁卯	则如	己卯	塞如	辛卯	极如	癸卯
修痫	丙辰	厉痫	戊辰	窒痫	庚辰	终痫	壬辰	毕痫	甲辰
圉余	丁巳	则余	己巳	塞余	辛巳	极余	癸巳	橘余	乙巳
厉皋	戊午	窒皋	庚午	终皋	壬午	毕皋	甲午	修皋	丙午
则且	己未	塞且	辛未	极且	癸未	橘且	乙未	圉且	丁未
窒相	庚申	终相	壬申	毕相	甲申	修相	丙申	厉相	戊申
塞壮	辛酉	极壮	癸酉	橘壮	乙酉	圉壮	丁酉	则壮	己酉
终玄	壬戌	毕玄	甲戌	修玄	丙戌	厉玄	戊戌	窒玄	庚戌
极阳	癸亥	橘阳	乙亥	圉阳	丁亥	则阳	己亥	塞阳	辛亥
毕辜	甲子	修辜	丙子	厉辜	戊子	窒辜	庚子	终辜	壬子
橘涂	乙丑	圉涂	丁丑	则涂	己丑	塞涂	辛丑	极涂	癸丑

纪月图表 6 月阳月阴相配组成六十月名表

---

① 高明撰《楚缯书研究》，载《古文字研究》第十二辑，中华书局1985年出版。

月阳与月阴依次相配组成的六十个月名，有的见于汉代文献。《史记·历书》："月名毕聚。"聚，即陬。《尔雅》作"陬"，《史记》作"聚"。司马贞《史记索隐》："谓月值毕及陬訾也。毕，月雄也；聚，月雌也。"清代郝懿行在《尔雅义疏》中说："月雄、月雌，即月阳、月阴也。毕陬，乃以月阳配月阴。十二月皆然也。"汉代以后，罕见使用。

(三) 音律纪月

律，是古代用来校正乐音标准的管状仪器。律管，最初用竹管，后又用玉管，汉末始改用铜管。音阶的高低，用律管的长短来确定。律管共十二个，各有一个名称，管径相等，长短不一，以校定十二个音阶。从低音管算起，成奇数的六个管是黄钟、太蔟、姑洗、蕤宾、夷则、无射，叫做律；成偶数的六个管是应钟、大吕、夹钟、仲吕、林钟、南吕，叫做吕。奇数为阳，偶数为阴；阳六为律，阴六为吕。律、吕各六，合称十二律。

根据《后汉书·律历志》与《礼记·月令》孔颖达《礼记正义》引东汉蔡邕的说法，将芦苇里的薄膜烧成灰，塞进律管，放到密室内。时令到某月，与该月相应的律管就灰飞而管通。这种现象，称为律中某某。据《吕氏春秋》十二月纪的记载，正月律中太蔟，二月律中夹钟，三月律中姑洗，四月律中仲吕，五月律中蕤宾，六月律中林钟，七月律中夷则，八月律中南吕，九月律中无射，十月律中应钟，十一月律中黄钟，十二月律中大吕。一个月律中某某，也就是某某为该月之律，于是，人们便用律名作为与之相应月份的代称。最早记载音律纪月的是《吕氏春秋·音律》，音律月名与月份的对应关系，如下表：

月　序	一月	二月	三月	四月	五月	六月	七月	八月	九月	十月	十一月	十二月
《吕氏春秋·音律》音律月名	太蔟之月	夹钟之月	姑洗之月	仲吕之月	蕤宾之月	林钟之月	夷则之月	南吕之月	无射之月	应钟之月	黄钟之月	大吕之月

纪月图表 7　音律月名表

《淮南子·天文训》又将斗建说引进来，使斗建十二支与十二音律一一对应相配。《淮南子·天文训》说：正月指寅，律受太蔟；二月指卯，律受夹钟；三月指辰，律受姑洗；四月指巳，律受仲吕；五月指午，律受蕤宾；六月指未，律受林钟；七月指申，律受夷则；八月指酉，律受南吕；九月指戌，律受无射；十月指亥，律受应钟；十一月指子，律受黄钟；十二月指丑，律受大吕。这样，斗建与音律月名的对应关系，如下图：

纪月图表 8　斗建与音律月名对应表

后世的文史作品，常有用音律月名纪月的。如：宋代洪适《隶释》卷九载东汉《堂邑令费凤碑》："惟熹平六年岁格于大荒无射之月，堂邑令费君寝疾卒。"熹平，汉灵帝年号。格，至。大荒，即大荒落，岁阴年名，辰位在巳，以干支纪年言之，则为巳年。无射之月，即九月。又《文选》卷四十二载曹丕《与朝歌令吴质书》："方今蕤宾纪时，景风扇物。"蕤宾纪时，是说时在五月。又《韩昌黎集》卷三韩愈《忆昨行》诗："忆昨夹钟之吕初吹灰，上公礼罢元侯回。"夹钟之吕初吹灰，指律中夹钟之月，即二月。

（四）三分四时纪月

一年十二个月，分为春、夏、秋、冬四时，每时三个月。将一时分为孟、仲、季三个时段，一个时段正好是一个月。于是，人们便用四时的孟、仲、季三个时段分别表示各时的三个月。这种纪月方法，战国时期已被使用。《太平御览》卷十七《时序部·四时》引《周礼》："凡四时成岁。岁者，春秋冬夏各有孟、仲、季，以名十有二月。"《吕氏春秋》十二月纪记述一年十二月，全部使用这种纪月方法，依次称为孟春之月、仲春之月、季春之月，孟夏之月、仲夏之月、季夏之月，孟秋之月、仲秋之月、季秋之月，孟冬之月、仲冬之月、季冬之月。这是具体使用四时孟、仲、季纪月的最早记载。四时孟、仲、季与月份的对应关系，如下表：

四时	春			夏			秋			冬		
四时的孟仲季	孟春	仲春	季春	孟夏	仲夏	季夏	孟秋	仲秋	季秋	孟冬	仲冬	季冬
月序	正月	二月	三月	四月	五月	六月	七月	八月	九月	十月	十一月	十二月

纪月图表 9　孟仲季纪月表

（五）楚地月名

春秋战国时期，各诸侯国之间政治上各自为政，带来诸多制度的分歧，历法的不统一就是一例。以纪月方法说，是否各国都只是用数字纪月？过去，由于文献缺乏，无法知其详。1975 年在湖北省云梦县睡虎地十一号秦墓出土的简书甲种《日书》中，有一份秦、楚月名对照表，原文如下："十月，楚冬夕，日六夕七（十）；十一月，楚屈夕，日五夕十一；十二月，楚援夕，日六夕十；正月，楚刑夷，日七夕九；二月，楚夏屎，日八夕八；三月，楚纺月，日九夕七；四月，楚七月，日十夕六；五月，楚八月，日十一夕五；六月，楚九月，日十夕六；七月，楚十月，日九夕七；八月，楚爨月，日八夕八；九月，楚臄（献）马，日七夕九。"其中，"冬夕"又写作"中

73

夕"，"夏厉"又写作"夏夷"。对每月的叙述，都分三层意思，首先记秦的月份，其次记与秦月对应的楚国月份，最后记该月昼夜时间长短的比例。如十月，是说秦的十月，楚国叫做冬夕月，一昼夜分为十六个时段，该月每日昼夜时间的比例是昼六夜十。秦、楚一年十二个月的月序、月名的对应关系，如下表：

月序	一月	二月	三月	四月	五月	六月	七月	八月	九月	十月	十一月	十二月
秦月名	十月	十一月	十二月	正月	二月	三月	四月	五月	六月	七月	八月	九月
楚月名	冬夕	屈夕	援夕	刑夷	夏厉	纺月	七月	八月	九月	十月	爨月	献马

纪月图表10　秦楚月序月名对应表

这是一份研究先秦历法的重要资料，由此可知战国时期楚国及至秦代历法的一些情况。它告诉我们：(1) 秦与楚国岁首同月，都是以建亥之月为岁首。(2) 秦沿用建寅之月为岁首的月序名称，始月为十月；楚国纪月有自己的月序，始月为一月。(3) 秦用数字作为月序名称，楚国除七、八、九、十这四个月用数字作为月序名称外，其他八个月都另有月名。(4) 秦代一日分为十六个时辰。

（六）其他纪月名称举例

自古以来的纪月方法，除了上面介绍的几种成套的纪月名称外，还有一些各从不同角度为月份取的名称。这里，择举数例：

1. 以月令纪月

有的根据天气名月。如：二月风和日丽，于是称二月为丽月。南朝梁代萧统撰《锦带书十二月启·夹钟二月》："花明丽月，光浮窦氏之机。"四川夔州一带九月多雨，物易腐坏，于是称九月为朽月。宋代黄仁杰作《夔州苦雨》诗："九月不虚为朽月，今年赖得是丰年。"十二月天寒地冻，于是称十二月为严月。清代厉荃撰《事物异名录·岁时》引《山堂肆考》："严月，季冬之月也。"

有的根据物候名月。根据物候名月，多以花名。如：二月称杏月，三月称桃月，四月称槐月，六月称荷月，七月称兰月，八月称桂月，九月称菊月，十月称梅月等。

有的根据农时名月。如：三月正是养蚕月份，于是称三月为蚕月。《诗经·七月》："蚕月条桑，取彼斧斨。"

有的根据青黄不接的季节名月。如：四月正是青黄不接之时，于是称四月为乏月。《太平御览》卷二十二《时序部·夏中》引《四时纂要》："四月也，是谓乏月，冬谷既尽，宿麦未登，宜赈乏绝，救饥穷。"

2. 以习俗纪月

如：旧俗于五月端午节悬菖蒲在门口，说是这样做可以避邪。于是称五月为蒲月。

旧俗以五月为恶月。《太平御览》卷二十二《时序部·夏中》引《董勋问礼俗》："五月，俗称恶月。"所以，五月生子不吉利。《史记·孟尝君列传》："五月子者，长与户齐，将不利其父母。"所以，孟尝君于五月五日生，其父不让哺养。《宋书·王镇恶传》："镇恶以五月五日生，家人以俗忌，欲令出继疏宗。猛见奇之，曰：'此非常儿，昔孟尝君恶月生而相齐，是儿亦将兴吾门矣。'故名之为镇恶。"五月做官也不吉利。据《北齐书·宋景业传》记载，高洋谋篡东魏而称帝，"令景业筮，遇《乾》之《鼎》。景业曰：'《乾》为君，天也。《易》曰："时乘六龙以御天。"《鼎》，五月卦也。宜以仲夏吉辰御天受禅。'或曰：'阴阳书，五月不可入官，犯之，卒于其位。'"

旧俗七月七日晚上乞巧，于是称七月为巧月。

古代以十为足数，数字得"十"，认为是满盈充足的好征兆，于是称十月为良月。《左传》鲁庄公十六年记载，郑国共叔段之孙公父定叔逃到卫国。郑伯认为不可使共叔段在郑国无后，于是三年后让公父定叔回到郑国。关于让他在何月回国，《左传》说："使以十月入，曰：'良月也，就盈数焉。'"

　　有的月名是由祭礼的礼俗而来。如：周代年终祭祀百神的祭祀活动在十二月进行，祭名叫腊，于是称十二月为腊月。腊月之名至今仍为人们所习用。

　　3. 以宗教信仰纪月

　　据记载，佛教分一年为三时，四个月为一时，二、三、四、五月为一时，六、七、八、九月为一时，十、十一、十二、正月为一时。每时的最后一个月，即正月、五月、九月，谓之三长月。天帝释以大宝镜轮照四大部洲，每月一移宝镜，察看人间善恶。寅、午、戌月，即正月、五月、九月三长月临照南瞻部洲。所以，佛教宣扬在这三个月内断荤吃素，以求福禄。在这三个月内，因断荤，于是称为断月；因吃素，于是称为斋月；因普行善事，于是称为善月；因禁戒宰杀，于是称为忌月。唐代白居易在杭州诗："仲夏斋戒月，三旬断腥羶。"仲夏，即五月。斋月内不仅断荤，还要禁酒。白居易作《闰九月九日独饮》诗："自从九月持斋戒，不醉重阳十五年。"从这首诗可知，斋戒不禁闰月。

4. 因避讳更改月名

因为避讳，更改月名，始于秦代。《史记·秦楚之际月表》于秦二世二年称正月为"端月"。司马贞《史记索隐》："二世二年正月也。秦讳'正'，故云'端月'也。"秦始皇姓嬴名政，"正"与"政"同音，是秦始皇名讳的嫌名，于是改"正"为"端"，称正月为端月。据宋末周密撰《齐东野语》卷四记载，晋代王羲之，祖父名正，每遇"正月"，或写为"初月"，或写为"一月"。宋仁宗叫赵祯，正月的"正"字与"祯"同音，是仁宗名讳的嫌名。因此，在宋仁宗时，宫中嫔妃谓正月为初月。

三、与纪月有关的几个问题

（一）月　首

中国自古以来长期使用的"月"的纪时单位，是阴历的朔望月。朔望月是根据月相确定的。当月球运行到太阳和地球之间且三个天体位于同一直线上的时候，月球跟太阳同时出没，朝向地球的一面正好是背着太阳的一面，照不到太阳光，所以人们从地球上看不到月光。这种月相，叫做朔。当地球运行到太阳和月球之间且三个天体位于同一直线上的时候，太阳和月球分处于地球两边，太阳西落也正是月球东升之时，月球朝向地球的一面正好也是向着太阳的一面，照满了太阳光，所以人们从地球上看月球，呈光亮的圆形。这种月相，叫做望。从朔到下一次朔，或者从望到下一次望，其间的时间相隔，称为一个朔望月。月相是不断变化的，过朔之后，渐显新月。新月始生，叫做朏（fěi）。朔、望、朏这三种月相，都可以作为确定朔望月周期的标准。卜古时期，人们主要是通过对天象的直接观测确定时令。朔时看不到月光，需要在掌握天象规律的基础上进行科学的推算，要作到以朔日为月首实非易事。夏代的纪月情况，因无可以确认为夏代的文字材料，姑可不论。在殷墟卜辞中，有大量的纪月材料，但不见有对月相的记载，所以月首尚难考知。在西周前期与中期的文献与金文中，有大量的月相记录，如朏、初吉、哉生魄、既生霸（pò）、既望、既死霸等，但独不见"朔"字。由此大致可以推知，这时还不是以朔日为月首，月首很可能定在朏日。

中国上古文献最早记载朔日的，是《诗经·十月之交》："十月之交，朔月辛卯。日有食之，亦孔之丑。彼月而微，此日而微。今此下民，亦孔之哀。"朔月，即月朔，也就是这月的朔日。这是《诗经》中唯一记载日食的诗篇。据天文学家推算，这次日食发生在西周末年周幽王六年周历十月一日，即公元前776年9月6日，是世界上年、月、日皆可确考的最早一次日食记录。由此可知，至迟到了西周后期，已经能够推算出朔时，并以朔日为月首。这在天文历法史上，是一个很大的进步。

中国自古重视事情的开始，而事之始始于时之始，所以朔日定为月首之后，受到统治阶级的特别重视，周代自天子到诸侯都行"告朔"之礼。《周礼·春官宗伯》大史之职:"颁告朔于邦国。"郑玄注:"天子颁朔于诸侯,诸侯藏之祖庙,至朔,朝于庙,告而受行之。郑司农云:'颁,读为班;班,布也。以十二月朔布告天下诸侯。'"又《论语·八佾》:"子贡欲去告朔之饩羊。子曰:'赐也,尔爱其羊,我爱其礼。'"朱熹注:"告朔之礼,古者天子常以季冬颁来岁十二月之朔于诸侯,诸侯受而藏之祖庙。月朔,则以特羊告庙,请而行之。……鲁自文公始不视朔,而有司犹供此羊,故子贡欲去之。"天子于每年十二月的朔日把第二年十二个月的朔日颁发给诸侯,是谓天子告朔之礼。诸侯受朔于天子,藏于祖庙。每到月的朔日,诸侯亲到祖庙,设特牲(一只羊)之祭,以朔告神,依时听政,是谓诸侯告朔之礼。

自从有了朔的月相概念并将朔日确定为月首以后,中国古代的历法虽经多次改革,但以朔日为月首却一以贯之,至今未再改变。

(二) 闰 月

中国古代的历法,是回归年与朔望月相结合的阴阳历。年,是地球绕太阳公转一周所需用的时间,长度为365.2422

日。月，是月球绕地球公转过程中月相盈亏的一个周期所需用的时间，长度为 29.53059 日。

年、月的日数都不是整数，而在历法中不能规定有半日之日，这就需要采取一定的办法进行调整。

先说月。一个月为 29.53059 日，两个月则为 59.06118 日。两个月中安排一个大月为 30 日，一个小月为 29 日，则还多余 0.06118 日。十六个月以后，就多出 0.48944 日。下一个朔望月的日数加上前十六个月多出的日数，等于 30.02003 日，显然，又可安排一个大月。所以，要使历法中的月份与月相符合，就需要在一般月份大小月相间的基础上，大月每隔十五或十七个月再安排一次连大月。

再说年。一个回归年为 365.2422 日。一年十二个朔望月，共 354.36708 日。十二个朔望月比一个回归年少 10.87512 日。这就意味着，一年的正月在寒冬，十六年之后就要提前到炎夏。要使历时与天象符合，使朔望月与回归年协调，就需要在大约不到三年的时间里为一个年份多安排一个月。这个多安排的月份，叫做闰月。

古人很早就已懂得采取置闰的办法来调整朔望月与回归年的关系，以使历时与天时相合。中国古代怎样安排闰月呢？考察置闰问题，主要从以下两个方面：一是闰位，二是闰周。

先说闰位。所谓闰位，指闰月安排的位置。最早采用的是年终置闰的做法，即所谓"归余于终"。

如甲骨文。在甲骨文的纪时材料中，有不少"十三月"的记载，可知年终置闰的闰月称十三月。如董作宾编《小屯·殷虚文字乙编》5405："戊午卜，贞：妇石力。十三月。"又孙海波编《甲骨文录》650："癸卯卜，宾贞：卓 来归丁若。十三月。"根据甲骨卜辞的断代分期，"十三月"的记载主要在前期卜辞中，中期卜辞已经少见，晚期卜辞至今尚未发现，所以，前期采用年终置闰人们已无异议，而中期与后期的闰位目前尚有不同看法。一种意见认为，中期年终置闰与年中置闰二法并行，后期采用年中置闰；一种意见认为，殷代置闰年终，并未实行过年中置闰。

又如金文。在西周金文的纪时材料中，也有"十三月"的记载。如《中方鼎铭》："隹十又三月庚寅，王在寒𣜩。"又《牧簋铭》："隹王七年十又三月既生霸甲寅，王在周。"有人曾通检西周金文的纪时材料，未发现有年中置闰的记载。西周时期很可能始终采用年终置闰的做法。

春秋时期，以中期鲁文、宣二公之世为界分为前后两个时期，前期承继西周闰位之制，置闰岁末；中期以后，也曾采用年中置闰。《左传》鲁文公元年："于是闰三月，非礼也。"这条记载，一则说明，年中置闰非旧法，所以被视为违背旧制；二则说明，现在已有年中置闰的做法。

战国经秦至西汉武帝时期颁行太初历以前，根据《史记》、《汉书》的记载与考古提供的资料，仍然采用年终置闰之法。睡虎地秦墓简书《为吏之道》中记有两条魏律，一是"魏户律"，一是"魏奔命律"。这两条魏律的首句相同，是纪时文字，原文是："廿五年闰再十二月丙午朔辛亥。"简书整理者认为"廿五年应为魏安僖王二十五年（前252）"。战国时期的魏国使用夏正，十二月为岁末；岁终置闰，所以以第二个十二月为闰月。"再十二月"是由"十三月"演变而来。战国时期的秦国以夏历的十月为岁首，九月为岁末；岁终置闰，所以以后一个九月为闰月，称"后九月"。如睡虎地秦墓简书《编年记》："五十六年后九月，昭死。"这是说，秦昭王五十六年的后九月，昭王死。这一年是公元前251年。秦朝沿用秦国的历法，仍以十月为岁首，以"后九月"为闰月。如睡虎地秦墓简书《秦律十八种·仓律》："日食城旦，尽月而以其余益为后九月禀所。"这是说，官府按一年十二个月的天数发给服城旦徒刑的人口粮，到每月月底，将该月剩余的粮食留存下来，作为有闰月年份的后九月的口粮。又如，《史记·秦楚之际月表》于秦二世二年的九月后面有"后九月"。汉承秦制，在太初历颁行以前，以十月为岁首，仍置闰于岁末，称"后九月"。如《汉书·异姓诸侯王表》于汉高祖刘邦五年记燕国封王事说："后九月，王卢绾始，故太尉。"又1972年在山东临沂银雀山西汉墓中出土的简书汉武帝《元光元年历谱》，谱列了全年的月份，共十三个月，岁首为十月，岁末九月的后面为"后九月"。置闰月份，有时不称"后九月"，而只称"闰月"。如，吕后死后，汉廷大臣诛杀诸吕，迎立刘邦之子代王刘恒继天子之位，是为文帝。关于刘恒由代抵京的时间，《史记·吕太后本纪》说"后九月晦日己酉，至长安，舍代邸"，《汉书·文帝纪》说"闰月己酉，入代邸"。

再说闰周。所谓闰周，指安排闰月的周期。

在甲骨文与金文中，都有"十四月"的记载。如甲骨文。罗振玉编《殷虚书契前编》8.11："𘓐十四月。"又明义士编《殷虚卜辞》185.1568："□□贞卜：旬亡畎。十四月。"又胡厚宣编《甲骨续存》2.57："贞革……来王……隹来……五百。十四月。"又如金文，《都公謙鼎铭》："隹十又四月既生霸壬午。"十四月，说明有的年份岁末有两个闰月，即采用所谓一年再闰之法。这反映出，当时的置闰之法很不精密，置闰周期还没有明显的规律，具有一定的随意性。

春秋中期以后，采用十九年七闰的置闰周期。十九年中，共有朔望月为 12 月×19＋7 月＝235 月，共有日数为 365.2422 日×19＝6939.6018 日，则一个朔望月的时间长度为 6939.6018 日÷235＝29.53022 日，历时与天时已十分接近。这一置闰方法，克服了以前在历日安排上或多闰、或失闰的闰周不规整现象，在调整回归年与朔望月的时间长度值的关系方面，比过去大大前进了一步。

汉武帝于公元前 104 年颁行太初历，闰周基本上仍然沿用十九年七闰之法，而闰位固定在无中气的月份。所谓中气，是指二十四节气中从冬至开始算起的各单数节气。从此以后，十九年七闰、以无中气的月份为闰月的置闰原则，为历代所沿用。

这里需要述及的是，置闰正时，殷代历法已是如此，但是，"闰"字出现较晚，不见于甲骨文与金文，最早见于《尚书》与《春秋》。《尚书·尧典》："期三百有六旬有六日，以闰月定四时成岁。"《春秋》鲁文公六年："闰月不告月，犹朝于庙。"告月，即告朔。《左传》解释说："闰月不告朔，非礼也。闰以正时，时以作事，事以厚生，生民之道于是乎在矣。不告闰朔，弃时政也，何以为民？"据《左传》，闰月也要像正常月份一样举行告朔之礼，所以说闰月不举行告朔之礼是违背礼制。关于闰月也要举行告朔之礼，《周礼》中也有记载。《周礼·春官宗伯》大史之职:"闰月,诏王居门终月。"又《礼记·玉藻》:"闰月,则阖门左扉,立于其中。"古代太庙有十二室,天子每月移居一室,颁布该月历法政令。闰月无室可居,就在门中颁朔听政。一门二扉,左为阳,阳为正,闰月不是正常的月份,非月之正,所以关闭门的左扉而仅用右扉。许慎在《说文解字》中解释"闰"字构形,即用闰月告朔之礼以为说。《说文》"王"部:"闰,余分之月。五岁再闰也。告朔之礼,天子居宗庙,闰月居门中,从王在门中。《周礼》'闰月,王居门中终月'也。"

(三) 一月三分与一月四分

中国古代,曾将一月日数分为几个时段。殷代采用旬制,自甲至癸,十日一旬,一月三旬。这在前面叙述纪日方法时已经谈到。

西周时期,重视利用月相纪时。记录西周月相的资料,一是文献,二是金文。

先说文献。

《尚书》中记载西周史事的几篇,有提到月相者。如《武成》:"惟一月壬辰旁死魄。"又:"既生魄,庶邦冢君暨百工受命于周。"又《康诰》："惟三月哉生魄，周公初基作新大邑于东国洛，四方民大和会。"又《召诰》："惟二月既望，越六日乙未，王朝步自周，则至于丰。惟太保先周公相宅。越若来三月，惟丙午朏。"又《顾命》："惟四月哉生魄，王不怿。"又《毕命》："惟十有二年六月庚午朏，越三日壬申，王朝步自宗周，至于丰。"又《汉书·律历志》引《武成》："惟一月壬辰旁死霸，若翌日癸巳，武王乃朝步自周，于征伐纣。"又："粤若来三月既死霸，粤五日甲子，咸刘商王纣。"又："惟四月既旁生霸，粤六日庚戌，武王燎于周庙。"引《顾命》："惟四月哉生霸，王有疾不豫。"

《诗经》中也有提到月相者。如《十月之交》："十月之交，朔月辛卯。"又《小明》："二月初吉，载离寒暑。"

再说金文。

金文中有大量的月相记录，据有人统计，年、月、日与月相俱全的就有五十二器。现将金文中提到的月相名称各举一例，如《智鼎铭》："佳王元年六月既望乙亥，王才周穆王大室。"又《卫盉铭》："佳三年三月既生霸壬寅，王再旂于丰。"又《永盂铭》："佳十又二年初吉丁卯，益公内即命于天子。"又《矢令簋铭》："佳王于伐楚伯，在炎。佳九月既死霸丁丑，乍册矢令尊宜于王姜。"

比较文献与金文的月相记载，文献中提到的月相名称远远多于金文。《说文》："霸，月始生魄然也。承大月二日，承小月三日。从月霎声。"《康诰》马融注："魄，朏也，谓月三日始生兆朏，名曰魄。"霸、魄同词，霸为本字，魄为借字，"既生魄"即"既生霸"。这样，金文中的四个月相名称全部见于文献，而文献中的其他月相名称在金文中全然未见。上古文献大都经过汉人的整理，在长期的流传过程中又难免有被后人改动之处，况且属于今本《尚书》中的古文之篇如《武成》、《毕命》本来就是魏晋时期的伪托之作。所以，考察月相纪时，为慎重起见，主要依据金文中提到的月相资料。金文中完备的纪时文字，内容有四：(1) 年次；(2) 月次；(3) 月相；(4) 干支日次。如《虢季子白盘铭》："隹十又二年正月初吉丁亥。"又《卫鼎铭》："隹九年正月既死霸庚辰。"

对于西周月相名称的解释，一向多有歧说。大致说来，主要说法有三：一是定点月相说。认为每个月相名称代表一月中特定的某一天或某二三天。此说产生于汉代。二是一月四分说。认为一月分为四个时段，金文中四个月相名称分别是四个时段的名称，每个时段七八天。此说由王国维首先提出。三是一月二分说。认为一月分为前后两个时段，即上半月与下半月，上半月叫既生霸，下半月叫既死霸。初吉指一月的第一个干日，既望指满月及其后一二天。二十世纪四五十年代以来，先后有人提出这一看法。西周月相三说中，定点月相说影响的时间最长，自汉至今已经两千年；二分月相说提出的时间最晚，影响不大；四分月相说自二十世纪初提出至今，为多数学人所赞从。有人根据大量金文纪时材料进行综合研究，推算的结果认为："一月四分月相的论断经反复校验是正确的，无可移易。所谓定点月相说，从各个角度检验和测算都不能成立。"①

王国维的"一月四分"说，是在他的论文《生霸死霸考》中提出的。他说："余览古器物铭而得古之所以名日者凡四：曰初吉，曰既生霸，曰既望，曰既死霸。因悟古者盖分一月之日为四分：一曰初吉，谓自一日至七八日也；二曰既生霸，谓自八九日以降至十四五日也；三曰既望，谓十五六日以后至二十二三日；四曰既死霸，谓自二十三日以后至于晦也。"

西周前期的月首是朔日还是朏日，目前还有不同看法。"朔"字金文不见，最早出现在描述西周末年史事的诗篇《诗经·十月之交》中。人们一般倾向于西周前期以新月始见的朏

---

① 马承源撰《西周金文和周历的研究》，载1982年《上海博物馆集刊》建馆三十周年特辑。

日为月首，后期改以朔日为月首。若以朏日作为月首，当时的月初一日相当于农历的初二三日；而月末不是晦日，而是农历下月的初一二日。根据月相将一个月的日数四分，则新月始见到半圆为初吉，半圆到满圆为既生霸，满圆到半圆为既望，半圆到月末为既死霸。一月分为四个时段，每个时段七天或八天。金文中的纪时月相，起着表明干支日所在时段范围的作用，如"初吉丁亥"，是说该月初一日到初七八日之间的丁亥日。月相与日期的对应关系，如下表：

月相名称	初　吉	既生霸	既　望	既死霸
月相始讫	新月始见至半圆	半圆至满圆	满圆至半圆	半圆至月末
日　期	初一日至初七八日	初八九日至十四五日	十五六日至二十二三日	二十三日至月末

纪月图表 11　王国维一月四分月相表

以旬纪日将月三分与以月相纪日将月四分的纪时方法，创始于殷周时期，已有三千多年。月相纪时仅行用于西周时期，而以旬纪时一直沿用至今。

今天用来纪时的星期制，很像西周时期月相纪时的一月四分制，但是二者不是一回事。星期纪时源于古代的巴比伦，大约创始于公元前七八世纪。星期制用太阳、月亮、火星、水星、木星、金星、土星七个天体与日期依次相配，以星名日，七天一个星期，所以称为星期，又称为周。中国古代称日、月、五星为七曜，所以又把以日、月、五星名日的星期称为曜日。日、月、五星与曜日、星期的对应关系，如下表：

星名	日	月	火	水	木	金	土
曜日	日曜日	月曜日	火曜日	水曜日	木曜日	金曜日	土曜日
星期	星期日	星期一	星期二	星期三	星期四	星期五	星期六

纪月图表 12　日、月、五星与曜日、星期对应表

在日常生活中，人们有时用"礼拜"作为"星期"的代称。礼拜，是个宗教词汇。基督教宣传上帝七日创造世界，耶稣七日复活，因此在星期日举行宗教仪式，参拜上帝。于是，基督教徒把星期日称为礼拜天。这样，其他日子也就分别有了礼拜一、礼拜二等名称。后来，"礼拜"逐渐成为社会上人们称呼"星期"的一种别称。今天，使用"星期"纪时，应该摒弃"礼拜"的名称。

第四篇

纪　年

一、释"年"

　　年，是以地球绕太阳公转运动为基础形成的时间单位，具体地说，地球绕太阳公转一周所需用的时间，称为年。上古时期，人类对自然界的认识处于初始阶段，对他们来说，年则是比"日"、"月"复杂得多的时间概念。当时，确定"年"这一时间单位的依据，主要是气象与物候的周期变化。因为它的变化周期长，所以，要认识它，需要一个较为长期的观察过程。这只是问题的一个方面。另一方面，作为确定"年"这一时间单位的气象与物候的周期变化又是十分明显的，而且都与人们的生活与生产活动密切相关，人们无不目睹身受，所以，人们很早就开始注意它的变化周期，以安排自己的生活与生产。气象方面，寒去暑来，暑去寒来，周而复始，循环出现；物候方面，一个寒暑周期，生物荣枯一次，作物种收一次，一些随寒暑变化而南去北来的飞禽往来一次。经过长期观察与体验，认识了这种周期性变化，于是逐渐产生了一种时间观念，把这种气象与物候的一个变化周期作为一个时间单位，就是"年"。

二、年称分解

"年"这个时间单位，在古代又称为载、岁、祀。《尔雅·释天》："哉，岁也。夏曰岁，商曰祀，周曰年，唐、虞曰载。"哉，即"载"。

载、岁、祀、年，作为纪年名称，都见于先秦文献。如"载"，《尚书·尧典》："朕在位七十载，汝能庸命，巽朕位?"《尚书·禹贡》："作十有三载乃同。"又如"岁"，《尚书·尧典》："期三百有六旬有六日，以闰月定四时成岁。"《孟子·公孙丑下》："五百年必有王者兴，其间必有名世者。由周而来，七百有余岁矣。"又如"祀"，《尚书·洪范》："惟十有三祀，王访于箕子。"《尚书·多方》："今尔奔走臣我监五祀。"又如"年"，纪"年"这一时间单位，绝大部分用"年"字。这里也略举二例，《尚书·无逸》："肆中宗之享国七十有五年。"《春秋》是一部编年体史书，鲁国十二公的纪年全部用"年"字。如鲁庄公十年："十年春王正月，公败齐师于长勺。"

先秦文献纪年使用的名称，并不严格依照《尔雅》所说的时代顺序。如上所引，又有记载尧事的用"岁"，记载禹事的用"载"，记载殷事的用"年"，记载周事的用"祀"、用"年"。但是，《尔雅》所说，也都各有所本。下面，结合考古资料，试作进一步考察。

（一）载

载，甲骨文未见此字。金文中有"载"字，但不作纪年的时间名词。《尔雅》是一部汇编上古文献词语训释资料的书，所谓"唐虞曰载"，显然是以今文《尚书》的《虞书》为据进行解说的。尧舜时期，实属中国原始社会末期的传说历史，根据卜辞与金文的纪时资料，殷与西周尚未用"载"纪年，可知《尔雅》所说"唐虞曰载"实不可信。只是，由于有此语源，后世便用"载"纪年。如《左传》鲁宣公三年："桀有昏德，鼎迁于商，载祀六百。"杜预注："载、祀，皆年。"唐玄宗时期，还曾将纪年改用"载"字。《旧唐书·玄宗本纪》于天宝三年记载："三载正月丙辰朔，改'年'为'载'。"直到天宝十五载，其子肃宗在灵武即帝位，玄宗被迫逊位而作太上皇，以"载"代"年"行用了十三年。今天，虽然不再以"载"代

"年",但是这种语言现象并未绝迹,还保留在一些表示时间概念的词语中,如"一年半载"、"三年五载"等。

(二) 岁

岁,甲骨文中有"岁"字,作""、""、""等形。后世的"岁"字,即由""形演变而来。"岁"是一种象斧的刃器,可以用来作战,也可以从事农作。用于农作,义指收获庄稼。如《左传》鲁昭公三十二年:"闵闵焉如农夫之望岁。"岁,指好收成。农作物从种植到收获,是农业生产活动的重要时间周期,这个时间周期,甲骨文中用"岁"表示。如郭沫若编《殷契粹编》896:"癸丑卜,贞:今岁受禾弘吉?在八月。隹王八祀。"又董作宾编《小屯·殷虚文字乙编》6881:"辛巳卜,亘贞:祀岳奉来岁受年?"今岁,指目前这一个农作物从种植到收获的时间周期;来岁,指下一个农作物从种植到收获的时间周期。在甲骨文中,称"岁"而记有月份的语例不多,上引《粹》896所记今岁八月,是指目前这一个农作物从种植到收获时间周期中的八月。农作物从种植到收获的时间周期,有的夏种秋收,在同一年中;有的冬种夏收,则不在同一年中。也就是说,甲骨文中"岁"所表示的时间单位,不仅不是一年，也不完全等同于半年，有时还不在一年之中。殷代称"岁"尚且如此，可知《尔雅》所说夏代称年为岁不足凭信。

农作物的种植与收获，主要依据气候的变化。气候的一个寒暑变化周期，为一个太阳年。一个太阳年的时间长度，正好等于两个农作物从种植到收获的时间长度。为了更好地安排生产，把农作物种植与收获的时间周期与寒暑变化的时间周期相互对应地结合在一起，就成为随着社会生产的发展而发展的必然趋势。这样，"岁"的时间周期与太阳年的时间周期重合，"岁"就具备了表示"年"这一时间概念的意义。但是，甲骨文中"岁"字还不见这种用法，金文中已有了"年"的意义。如《国差𬭁铭》："国差立事岁，咸，丁亥。"国差，文献称国佐，春秋中期齐国之卿，事齐国惠、顷、灵三公。立事，即莅事、临事，指主持其事。咸是月名，咸丁亥，是在咸月的丁亥日。有人认为，"立事岁"是齐国习见的纪年格式。如战国早期的齐国器《子禾子釜铭》："□□立事岁，䄾月，丙午。"

"岁"的"年"义，至今还活跃在社会语言中。如"岁岁平安"、"辞旧岁，迎新年"、"年岁不饶人"等。表示人的年龄，主要用"岁"，如四十岁、八十岁、长命百岁等。

(三) 祀

殷代迷信鬼神，崇尚天命，所以非常重视祭祀活动。殷代先公先王都以十干命名。殷代祭祀先祖先妣，以十干日为一祭祀周期，甲日祀名甲者，乙日祀名乙者，以至癸日祀名癸者，十日祀遍。祭祀先祖先妣的祀礼，主要有五种，即祭、劦、彡、翌。用每种祀礼祭祀先祖先妣，都按照一定的顺序依次遍祀。五种祀礼中，祭、劦三种祀礼配合进行，所以，五种祀礼形成三个祭祀周期，依次为祭、劦三种祀礼的祀周，彡祭的祀周，翌祭的祀周。三个祀周连接在一起，构成殷代祭祀先祖先妣的完整体系。由此可知，殷代祭祀先祖先妣，有三种祭祀周期：一是十日之内遍祀先祖先妣名甲至癸者，为小祀周，称为旬；二是一种主要祀礼遍祀先祖先妣，为中祀周，分别用各祀礼名称称呼，如劦日、彡日、翌日等，因其时间长度介于月与年之间，所以近代学者有人称之为"祀季"；三是祭、劦祀周与彡祭祀周、翌祭祀周等三个祀周连接在一起，为大祀周，称为祀。随着时间的推移，死去的王、妣越来越多，用一种祀礼祭祀一遍先祖先妣所需要的时间也越来越长。到了殷代末期，一个中祀周约为十三旬，则一个大祀周约在三百六十日至三百七十日之间，接近一个太阳年。

殷代末期，常常用日、月与祀周相配纪时。如，罗振玉编《殷虚书契续编》1.23.5："癸巳……才六月。甲午肜羌甲，佳王三祀。"又郭沫若编《殷契粹编》896："癸丑卜，贞：今岁受禾弘吉？才八月。佳王八祀。"又罗振玉编《殷虚书契前编》3.28.4："甲寅饮翌上甲。王廿祀。"有的在大祀周后还记有中祀周的名称。如甲骨文，商承祚编《殷契佚存》518："壬午，王田于麦麓，隻商哉兕。王易宰丰寝小𠭯兄。才五月，佳王六祀，肜日。"又如金文，殷代晚期器《小臣艅犀尊铭》："丁子（巳）王省夔㕧，王易小臣艅夔贝，佳王来正人方。佳王十祀又五，肜日。"日、月是农历，祀周是祭祀周期，二者结合用以纪时，形成殷代特有的纪时方法。殷代末期的"祀"，时间长度近于太阳年，日、月、祀相配纪时，说明这时已有了年、月、日都具备的纪时方法。

西周时期，"祀"已完全成为一个表示"年"的时间单位名称。如成王时器《何尊铭》："佳王五祀。"又康王时器《大盂鼎铭》："佳九月，王才宗周令盂……佳王廿又三祀。"又懿王时器《询簋铭》："佳王十又七祀。"

通观西周时期，早期，沿袭殷制，以"祀"纪时，并且由祀周单位演变成为表示"年"的纯粹的时间单位；中期，

"祀"、"年"并用；晚期，已不再用"祀"纪年，纪年已通用
"年"字。

（四）年

年，甲骨文作"秊"，象人顶负谷物，会禾谷丰熟之意。
《说文》："年，谷熟也。"甲骨文中，"年"用本义。如罗振玉
编《殷虚书契后编》上1.1："贞于王亥奉年。"奉年，即求年，
就是后世的祈谷之祭，义为祈求谷物获得好收成。又罗振玉编
《殷虚书契前编》7.43.1："乙巳卜，亘贞：慧不其受年？"又郭
沫若编《殷契粹编》907："东土受年？南土受年？西土受年？
北土受年？"又罗振玉编《殷虚书契续编》2.29.3："甲子卜，
彀贞：我受黍年？"受年，卜辞常见，当为当时习用成语，义为
获得好收成。

谷熟为年，禾谷一熟即为一年。在甲骨文中，已见"年"
字作为纪时名词的用法。如罗振玉编《殷虚书契续编》
1.44.5："……戍卜，出贞：自今十年有五，王丰……"这里的
"年"，还不是后世"年"的概念，而是用禾谷成熟的周期作为
时间单位，用来纪时而已。十五年，意谓十五个禾谷成熟
周期。

禾谷一年成熟收获一次，则一个禾谷成熟收获的时间周期与一个太阳年的时间长度正好相等，且周朝以农业兴国，素重农事，所以，西周时期，"年"字逐渐演变成为表示"年"这一时间单位的词。经过一段与"祀"并用的时期之后，于西周后期最终取代"祀"而成为用来纪年的主要用词，一直沿用至今。

综上所述，载，其有"年"义，《尚书·尧典》是其语源。岁，虽云"夏曰岁"难于确信，但其"年"义已可从甲骨文中探得端倪。祀、年，《尔雅》所说"商曰祀，周曰年"，已由甲骨文、金文得到证实。四种年称，只有"祀"使用时间最短，仅自殷代末期用至西周中期；载、岁、年三称，一直使用至今，其中"年"成为后世纪年的主要用词。

三、纪年方法

中国古代纪年，最早使用的是利用君主在位年数纪年的方法，后来出现岁星纪年与太岁纪年，东汉初年又由岁星纪年与太岁纪年演变产生干支纪年。

（一）利用君主在位年数纪年

利用君主在位年数纪年，自君主即位至去位，除"一年"称"元年"外，其他年份都用数字表示，如元年、二年、三年等。以西汉武帝创建年号用来纪年为界，分为前后两个阶段：其前为无年号纪年阶段，其后为有年号纪年阶段。

自上古至汉武帝之前，为无年号纪年时期。

这一时期，君主在位时，纪年则云"王某年"，或径云"某年"。如甲骨文，罗振玉编《殷虚书契前编》3.28.4："甲寅饮翌上甲。王廿祀。"祀，犹后世之年。又如西周中期金文《智鼎铭》："佳王元年六月既望乙亥，王才周穆王大室。"又西周恭王时金文《卫盉铭》："佳三年三月既生霸壬寅，王禹旂于丰。"君主死后及后世史家写史，则云"某王某年"。如《左传》鲁昭公二十六年："在定王六年，秦人降妖。"又《国语·周语上》："幽王二年，西周三川皆震。"又《汉书·文帝纪》："高祖十一年，诛陈豨，定代地。"

周代实行分封，王室之下封有众多诸侯国。各诸侯国除使用周王的纪年外，还都用本国诸侯的在位时间纪年。根据《史记》记载各诸侯国世系纪年的情况来看，从西周末年开始，各主要诸侯国大都已经有了以本国国君的纪年为时序的历史记载，如晋史《乘》、郑史《志》、楚史《梼杌》、鲁史《春秋》等。他史皆佚，今有《春秋》传世，《春秋》就是一部用鲁国十二君在位时间纪年的编年史。1975年在湖北省云梦县睡虎地发现的秦代简书《编年记》，逐年记述自秦昭王元年（前306）到秦始皇三十年（前217）的一些大事。开始记"昭王元年"，然后用数字记年份，一直记到"五十六年，后九月，昭死"。接下去几年的记述内容是：

孝文王元年，立即死。

　　　　庄王元年。

　　　　庄王二年。

　　　　庄王三年，庄王死。

　　　　今元年，喜傅。

以下又以数字记年份，一直记到"卅年"。今，指当时在位的君主，这里指秦王嬴政（秦始皇）。

　　汉代实行设置郡县与分封王侯并行的制度。诸侯王国在使用皇帝纪年的同时，也都用本国诸侯王的在位时间纪年。如《汉书·文帝纪》："十七年秋，高后崩。"颜师古注引张晏曰："代王之十七年也。"又《汉书·楚元王传》："王戊稍淫暴，二十年，为薄太后服私奸，削东海、薛郡，乃与吴通谋。"又云："二十一年春，景帝之三年也，削书到，遂应吴王反。"又《淮南子·天文训》："淮南元年冬，太一在丙子。"淮南元年，即淮南王刘安元年，为汉文帝十六年。

　　有的在位期间改元，后改之元史称"后元"，改元后的元年史称"后元元年"。如果改元两次，则分别称为"中元"与"后元"。战国中期，秦国惠文王在位二十七年，其间改元，前元十三年，十四年改为元年（前324），则后元十四年。这是改元之始。① 汉文帝在位二十三年，其间改元，前元十六年，后元七年。汉景帝在位十六年，其间两次改元，前元七年，中元六年，后元三年。

自汉武帝至清朝末年，为使用年号纪年时期。

汉武帝时，开始使用年号纪年。第一个年号是"建元"，建元元年即是汉武帝即位之年，为公元前140年。

根据文献记载与考古资料提供的信息，开始建置年号用以纪年的确切时间是在汉武帝即位二十余年之后。《史记·封禅书》："今天子初即位，尤敬鬼神之祀。元年，汉兴已六十余岁矣。""后六年，窦太后崩。其明年，征文学之士公孙弘等。明年，今上初至雍，郊见五畤。"《史记》只说今天子"元年"，而不说"建元元年"。建元纪年共六年，而后是元光元年。《史记》于"后六年，窦太后崩"后不称"元光元年"，而只说"其明年"。1972年在山东省临沂县银雀山汉墓出土的汉武帝《元光元年历谱》，历谱名称是简书整理者根据历谱内容定的，原本无名，第一简上书写四字为"七年历日"。简书历谱既不

----

① 据《史记·魏世家》，魏惠王三十六年卒。而《史记集解》、《史记索隐》引《竹书纪年》，魏惠成王（即魏惠王）三十六年改为元年（前335），后元十七年卒。如此，魏惠王改元之年比秦惠文王后元元年早十二年。《纪年》与《史记》记载不同，后世史家意见不一。这里采用《史记》的说法，以秦惠文王后元元年为改元之始。

说"建元七年",也不说"元光元年",而只说"七年"。《史记·封禅书》还记载:"其后三年,有司言'元'宜以天瑞命,不宜以一二数。一元曰'建',二元以长星曰'光',三元以郊得一角兽曰'狩'云。"这是说,主管部门提出,纪年不应该只是用一、二、三、四等数字表示,应该以上天所降符瑞建置年号。比如,开始建置纪元年号,可以叫做"建元";后有长星出现,放射光芒,可以叫做"元光";又有获麟之瑞,可以叫做"元狩"等。根据《史记·封禅书》于其前后所记述的史实推断,有司提议以天瑞建置年号的时间,大约在元鼎三年左右。自武帝即位至今,已过二十七年,其间,已建置建元、元光、元朔、元狩、元鼎等五个年号。如果武帝即位当年即已建置年号,这时有司何以又有此议?显然,这时,才是正式建置年号的始年。前此武帝的五个年号,都是在确定建置年号以纪年的制度以后予以补建的。

使用年号纪年,君主在位时,在"某年"前加年号名称,如汉武帝的"太初元年"、唐玄宗的"开元十年"等;如果在位期间改用几个年号,每次改用新年号都要重新纪元,也就是重新从元年纪年。君主死后及后世史家写史,一般要在年号前加君主名号。如:加谥号者,汉宣帝地节元年、隋文帝开皇三年等;加庙号者,唐太宗贞观元年、宋神宗元丰七年等。

利用君主在位时间纪年，使用时间最长，自最早已识文字甲骨文记载的殷王纪年直至清朝末帝，历时三千多年。

清朝灭亡后，废帝制，行共和，建立中华民国。关于纪年之制，当时曾有多种意见：有人提出采用公历，有人提出以黄帝生年纪元，有人提出以孔子生年（前551）纪元，有人提出以西周共和元年（前841）纪元，多数人认为应该用国号"中华民国"纪元。中华民国实行国号纪年制，称"中华民国元年"、"中华民国二年"、"中华民国三年"等。在实际使用中，一般省去"中华"二字，只称"民国某年"，如民国十五年、民国二十六年等。这虽然与历代改朝换代以后便建号改元的传统做法相仿佛，但是它不是以君主名义建置年号，而是用国号纪年，这与传统做法自有本质区别。其间，虽有袁世凯恢复帝制，建号"洪宪"，但只是逆历史而动的一时闹剧，旋即便被滚滚向前的历史洪流所吞没。中华人民共和国建立后，采用公历纪年，彻底废弃了中国历史上建元纪年的传统方法。

这里，有几个与利用君主在位年数纪年有关的问题。

1. 逾年改元的通例

先君去位以后，新君即位。改元的一般做法是：先君去位当年不改元，新君即位后仍用先君年号纪年，至次年正月才始用新君年号改元纪年。逾年改元之制，使君主的纪年年数与实际在位年数常常出现或合或不合的情况：(1) 先君年末去位，新君次年正月改元，如果这位君主去位时间也是年末，则他的纪年年数正好与他的实际在位年数相合。(2) 先君正月去位，新君次年正月改元，如果这位君主去位时间也是正月，则他的纪年年数也正好与他的实际在位年数相合，但是纪年年数比实际在位年数各年都依次后错一年。(3) 先君正月去位，新君次年正月改元，如果这位君主去位时间是年末，则他的纪年年数比他的实际在位年数少一年。(4) 先君年末去位，新君次年正月改元，如果这位君主去位时间是正月，则他的纪年年数比他的实际在位年数多一年。

君主自即位至去位，在位时间正合年的整数者很少，纪年年数与实际在位年数相差数月的情况很多。但是，君主在位时间都是以整年数表示。这就是说，即位始年之事可能记于先君纪年之末年，纪年末年可能记有后君即位始年之事。这就需要对一位君主纪年的始年与末年所记史事特予留意，审慎考察，以免张冠李戴，君、事错位。

2. 不按逾年改元的通例改元

在历史上，不按逾年改元通例改元的也为数不少。大致说来，有以下几种情况：(1) 当年改元。如三国蜀汉先主刘备于章武三年 (223) 四月去世，后主刘禅于五月即位，改元建兴。西晋武帝于三国魏帝曹奂咸熙二年 (265) 十二月丙寅 (17 日)

废魏称帝，当日改元，称泰始元年（265）。晋武帝于太熙元年（290）四月己酉去世。晋武帝的纪年年数比他的实际在位年数多一年。晋惠帝于武帝去世当日即位，并于当日改元永熙。次年正月元日，又改元永平。其改元诏书云："乃者哀迷之际，三事股肱，惟社稷之重，率遵翼室之典，犹欲长奉先皇之制，是以有永熙之号。然日月逾迈，已涉新年，开元易纪，礼之旧章，其改永熙二年为永平元年。"晋武帝与惠帝建元，皆不遵次年改元的通例，而都是即帝位的当日就改建年号。做法完全相同，出发点却迥然有别。晋武帝废魏建晋称帝，在当时属篡逆行为，所以，虽然称帝之日距次年元日只有十三天，依然当即改元，希望此举能使天下人尽快地淡忘曹魏而拥戴新主。晋惠帝即位后当即改元，其意不在改元，而在通过所改的年号"永熙"这个名称，向天下人表明，新帝要长奉先皇之制，永行太熙之政。次年已是先帝辞世后的"新年"，遵"礼之旧章"，逾年改元，自当"开元易纪"，所以，"其改永熙二年为永平元年"。这是说，次年所改的"永平"才是新帝的更始年号。

(2) 延后改元。此指不在次年，而延迟在次年之后改元。如五代后梁末帝朱友贞即位后，没有于次年改元，而是继续使用先帝年号"乾化"纪年，称乾化三年，直到乾化五年十一月才改元贞明，以乾化五年为贞明元年，这已是即位三年以后。又如五代后蜀皇帝孟昶，于其父后蜀高祖孟知祥去世后即位。《新五代史·后蜀世家》："昶立，不改元，仍称明德，至五年始改元曰广政。"孟昶即位后，一直沿用其父的年号"明德"纪年达五年之久，然后才建置自己的年号"广政"，改元纪年。(3) 沿用先帝年号纪年而不改元。如唐哀帝即位后，沿用唐昭宗年号"天祐"，称天祐二年。这是二帝同用一个年号。五代后周世宗即位后，沿用后周太祖年号"显德"，称显德二年；后周恭帝继世宗为帝，仍沿用"显德"年号，称显德七年。这是三帝同用一个年号。

3. 年号频改，一年数元

年号本为纪年，只是一个纪年标志，一位君主只用一个年号，纪年年数与实际在位年数一致，岂不很好？但是，实际并非如此。统治阶级或为应祥瑞以树皇权，如《后汉书·光武帝纪》记载："孝宣帝每有嘉瑞，辄以改元，神爵、五凤、甘露、黄龙，列为年纪，盖以感致神祇，表彰德信。"《晋书·载记·刘元海传》云："永嘉二年，元海僭即皇帝位，大赦境内，改元永凤。"又说："汾水中得玉玺，文曰'有新保之'，盖王莽时玺也。得者因增'泉海光'三字，元海以为己瑞，大赦境内，改年河瑞。"《宋史·真宗本纪》："大中祥符元年春正月乙丑，有黄帛曳左承天门南鸱尾上，守门卒涂荣告，有司以闻。上召群臣拜迎于朝元殿启封，号称天书。丁卯，紫云见，如龙凤覆宫殿。戊辰，大赦，改元。"或为避灾祸以求吉祥，如王莽废汉建新，建元始建国，其后改元两次，前者天凤，后者地皇，两个年号的第一字相连为"天地"，第二字相连为"凤皇"。宋代李焘撰《续资治通鉴长编》卷一百十三宋仁宗明道二年十二月记载："上初改元曰天圣，议者谓'天'字于文为二人，二圣人者，执政以悦庄献太后也。后改明道，字于文为日月并，犹与天圣义同。时仍岁旱蝗，执政谓宜有变更，以导迎和气。丁巳，诏明年改元曰景祐。"或为纪事件以重其成，如《汉书·武帝纪》"太初元年"句，颜师古注引应劭云："初用夏正，以正月为岁首，故改年为太初也。"《汉书·成帝纪》："河平元年春三月，诏曰：'河决东郡，流漂二州，校尉王延世隄塞辄平，其改元为河平。'"或为示更始以新其政，如汉武帝之太始、汉宣帝之本始、汉成帝之建始、王莽新朝之始建国、刘玄即帝位建元更始等。或为效前政以革已弊，如宋代洪迈撰《容斋随笔·三笔》卷十六《纪年用先代名》记载："唐德宗以建中、兴元之乱，思太宗贞观、明皇开元为不可跋及，故改年为贞元，各取一字以法象之。高宗建炎之元，欲法建隆而下字无所本。孝宗以来，始一切用贞元故事，隆兴以建隆、绍兴，乾道以乾德、至道，淳熙以淳化、雍熙，绍熙以绍兴、淳熙，庆元以庆历、元祐也。"更改年号的原因多种多样，难以尽数概而列之。

事实是，统治阶级出于各种不同的目的，往往频改年号。年号建置伊始，汉武帝在位五十四年，就改元十次；武则天称帝二十一年，建置十七个年号。有的一年之内，年号数改，造成纪年的混乱。如西晋惠帝，继晋武帝立，在位十七年，使用十个年号。武帝于太熙元年（290）四月己酉去世，惠帝当日即位，即改元永熙。次年正月改元永平，三月又改元元康。元康九年之次年（300）正月元日改元永康，永康二年（301）四月改元永宁，永宁二年（302）十二月改元太安。太安二年（303）之次年正月改元永安，当年七月改元建武，当年十一月改元又改为永安，当年十二月改元永兴。永兴三年（306）六月改元光熙，当年十一月惠帝去世。史家写史，一般通例，以一年之内最后所改的年号名称作为记载该年史事的纪年年号冠于年首。以晋惠帝为例，《资治通鉴》是一部编年体史书，编年记事，记载晋惠帝史事，所标纪年年号及其年数为：永熙元年（290）；元康元年（291），共九年；永康元年（300）；永宁元年（301）；太安元年（302），共二年；永兴元年（304），共二年；光熙元年（306）。这是史书记载的真实，拿它与历史事实的真实对应认识，多有误差。就依《资治通鉴》所标纪年年号，没有了晋武帝最后的年号"太熙"，而且先帝在新帝纪年年号的年内去世。从历史事实看，改变年号恰在一年始、末的情况较少，较多的是在年中的某月某日。一年一个年号通冠全年，掩盖了改换年号月日的不定时性。这种情况，很容易使人误认为史书记载的真实就是历史事实的真实。以这种认识看待一些历史事实发生的时间，那就难免犯错误。如晋惠帝永宁二年十二月改元太安，史书记载这年为"太安元年"，但是，事实上，这年的绝大部分史事都发生在永宁二年那个时段里。将发生在永宁二年那个时段的史事看成是发生在太安元年，岂不错误？最近读书，参阅上海书画出版社 1988 年出版《书画篆刻实用辞典》，其词目"郙阁颂"中介绍该石崖刻的时间说："东汉熹平一年（172）二月刻。"熹平，是东汉灵帝年号。检《后汉书·孝灵帝纪》，汉灵帝有四个年号，依次为建宁、熹平、光和、中平。纪中记载："熹平元年春三月壬戌，太傅胡广薨。夏五月己巳，大赦天下，改元熹平。"这年的五月己巳日改元熹平，可知在这年五月己巳日之前，还没有"熹平"这个年号名称，仍在使用"建宁"这个年号纪年。从历史事实说，这年二月属建宁五年，让它隶属于尚未出现的年号之下，岂不错误？或者有人会说：历代史书纪年，皆用此法，一向无人以之为误，何以责备沿用此法之后人？古代史书中的编年体史与纪传体史的本纪部分，按照年时月日的时间顺序记载史事。如果文中在同一年里有多个年号与这些年号的多个元年出现，自然会造成纪年的混乱。为使纪年眉目清晰，每年标出纪年的年号只好选用一个，而在记载该年的史事时，如实叙述每个年号改元的具体月、日，使后人得以了解该年的哪些事发生在哪个年号的时段里。就如《后汉书·孝灵帝纪》记载熹平元年事，年始就说"熹平元年"，年中记事叙及"五月己巳""改元熹平"，后人由此便知"太傅胡广薨"是在熹平改元前建宁年号的时段里。为什么一年之内改换多个年号而要选用最后所改年号作为该年的纪年年号呢？这是因为，改元之后，大多要延续使用几年、十几年，甚至几十年。一年之内，改换多个年号，往下延续使用的自然是该年最后的那个年号，所以，该年纪年使用的年号非它莫属。这样说来，古代史家使用的这种纪年之法，不仅不当责备，而且应该肯定是一种值得称赞的纪年良法。

年号频改的情况，至明、清时期才有根本改变。明代十六帝，清代十帝，其中，只有明英宗因有复辟之举，帝位失而复得，所以前后有两个年号，其余各帝不论在位年数多少，都是一位皇帝一个年号。记之容易，用之方便，且因年号单一，还成为皇帝称谓的代用名号，如万历帝、乾隆帝等。

4. 历代年号重复较多

年号喜用吉祥美好的词汇，用词范围受到很大局限，所以历代年号重复较多。如：据不完全统计，天祐，用十二次；建兴，用十一次；太平，用九次；建平，用八次；中兴、永兴、建武，各用七次；永平、永安，各用六次；天启、天顺、天德、太安、太初、太和、永和、永康、甘露、龙兴、建元、建始、乾祐，各用五次；广运、大庆、大定、大宝、天正、天兴、天会、天定、元光、太始、永乐、正始、正德、应天、建义、建初、和平、顺天、泰始，各用四次。重复使用三次、二次的年号，数量更多。有的年号，在同一朝代被重复使用。如：晋惠帝用建武（304年），晋元帝又用建武（317～318年）；唐高宗用上元（674～676年），唐肃宗又用上元（760～761年）；元世祖用至元（1264～1294年），元惠宗又用至元（1335～1340年）。某些年号在历代的多次使用，为后人判断它们的年代带来一定困难，需要深入考察，细心分辨。

（二）岁星纪年与太岁纪年

春秋战国时期，产生岁星纪年与太岁纪年。

1. 岁星纪年

上古的人们，主要是根据天象与物候认识时间。而物候源于天象，所以，对天象的观测，很早就被人们所重视。

甲骨文中，已有天象资料。如罗振玉编《殷虚书契后编》下37.4："贞：隹火？五月。"火，指大火，即二十八宿中心宿的第二星。大火很早就成为人们确定农事季节的星象标志。

上古文献中，更有大量天象记载。如《尚书·尧典》："日中星鸟，以殷仲春。""日永星火，以正仲夏。""宵中星虚，以殷仲秋。""日短星昴，以正仲冬。"仲春二月的春分日，昏时星宿处于天空正南方。仲夏五月的夏至日，昏时火宿处于天空正南方。仲秋八月的秋分日，昏时虚宿处于天空正南方。仲冬十一月的冬至日，昏时昴宿处于天空正南方。又《诗经·定之方中》："定之方中，作于楚宫。"定，星名。夏历孟冬十月，昏时定星处于天空正南方。这时农事结束，天气虽已转凉但还不太冷，正是农闲营建宫室的好时节。后来，定星改名营室。又《诗经·七月》："七月流火，九月授衣。"大火星七月昏时已偏斜西方，天气逐渐转凉，到了九月开始缝制御寒的冬衣。又《诗经·渐渐之石》："月离于毕，俾滂沱矣。"离，历，经过。毕，星宿名。这是说，月亮走到毕宿的时候，雨季来临，就要下大雨了。顾炎武撰《日知录》卷三十："三代以上，人人皆知天文。'七月流火'，农夫之辞也。'三星在天'，妇人之语也。'月离于毕'，戍卒之作也。'龙尾伏晨'，儿童之谣也。"

古人对天象的认识，有一个逐步积累的漫长过程。先认识一些与农业生产季节时令关系密切的突出星象，而后日渐将已被认识的一个个零散星象扩联起来，逐步做到对天象的整体认识，形成以三垣二十八宿为主的恒星群组合体系。三垣，即紫微垣、太微垣、天市垣。二十八宿，是由天球黄道（太阳与月亮运行所经天区）与天球赤道（地球赤道在天上的投影）附近的恒星组合成的二十八个恒星群组合体。二十八宿自西向东依次为：角、亢、氐、房、心、尾、箕，斗、牛、女、虚、危、室、壁，奎、娄、胃、昴、毕、觜、参，井、鬼、柳、星、张、翼、轸。人们根据春分前后初昏时各星宿所在方位，将二十八宿与四个方位相配，一方七宿，依次为：角至箕为东方七宿，斗至壁为北方七宿，奎至参为西方七宿，井至轸为南方七宿。再配以四时四色，则东方为春，青色；南方为夏，红色；西方为秋，白色；北方为冬，黑色。人们详察一方七宿的星象形势，以其仿佛类似之物作为它的整体形象，一方一象，合称四象，依次为：东方苍龙，南方朱雀，西方白虎，北方玄武。班固编撰《白虎通义·五行》说：春，位在东方，其色青，其精青龙。夏，位在南方，其色赤，其精朱鸟。秋，其位西方，其色白，其精白虎。冬，其位在北方，其精玄武。又张衡撰《灵宪》："苍龙连蜷于左，白虎猛据于右，朱雀奋翼于前，灵龟圈首于后。"又《尚书·尧典》孔颖达《尚书正义》："四方皆有七宿，各成一形。东方成龙形，西方成虎形，皆南首而北尾；南方成鸟形，北方成龟形，皆西首而东尾。"

二十八宿与四方、四时、四色、四象的关系，如下图：

纪年图表 1　天文四象图

根据文献记载，二十八宿体系大约创立于战国中期，① 但其全部星宿名称最早见于《吕氏春秋》，已是战国末期。1978年，在湖北省随县擂鼓墩发掘一座战国早期曾侯乙墓，墓内随

———————

① 这里所说"战国中期"，指甘德、石申时代。

葬物中有一个写着二十八宿名称的漆箱盖。盖呈长方形，长82.8厘米，宽47厘米。盖面中央是一个大"斗"字，"斗"字周围写着按顺时针方向排列的二十八宿名称。盖面长的两端绘有头尾方向正好相反的青龙、白虎。根据这一实物，大致可以推断，二十八宿体系的形成，至晚应在春秋时期。

二十八宿是古人长期观测天象、认识星辰的结果，又是古人为观测日月与金、木、水、火、土五个行星的运行情况而划分的恒星天区标志。宿者舍也，王充《论衡·谈天》："二十八宿为日月舍，犹地有邮亭，为长吏廨矣。"古人误以为太阳是绕地球运行，将太阳绕地球运行的轨道称为黄道。人们很早就认识到金、木、水、火、土五星在众多恒星间自西向东运行的轨道与黄道相近，而且运行速度快慢不等。其中，木星在椭圆轨道上绕太阳运行，绕太阳公转一周所用时间为11.86年。古人观测木星，认为木星十二年运行一周天，于是用以纪年，取名岁星，岁者年也。为观测与计量岁星运行所在的位置，人们将黄道附近一周天分为十二等份，称为十二次。次犹舍也，停留之所。十二次各取一个名字，自西向东排列，依次为：

| 星纪 | 玄枵 | 娵訾 | 降娄 | 大梁 | 实沈 | 鹑首 | 鹑火 | 鹑尾 | 寿星 | 大火 | 析木 |

纪年图表 2　十二次名称表

岁星每年行经一次，十二年之后，又运行回到十二年前所
在的星空区域。以天空的众多恒星为背景，每一次都有二十八
宿中的某些星宿作为标志。根据石申《星经》，十二次与二十
八宿的对应关系，如下图：①

纪年图表3　十二次与二十八宿对应图

岁星运行到某次，称为"岁在某某"，如岁星运行到女、
虚、危三宿的位置，称为"岁在玄枵"；岁星运行到尾、箕二

————————

① 见《汉书·律历志》。"诹訾"，同"娵訾"。

宿的位置，称为"岁在析木"等。十二年一个周期，周而复始。这就是岁星纪年法。

岁星纪年的创始时间，有人认为可能在殷周之际，[①] 也有人认为大约在春秋战国时期。[②] 根据文献记载，[③] 在春秋战国之交，岁星纪年已被普遍使用。

2. 太岁纪年

岁星纪年是以天象为依据的纪年方法。岁星纪年的依据是岁星十二年运行一周天。但是，岁星的实际运行是 11.86 年一周天。岁星每绕行一周天，就比人们认定的十二年提前 0.14年。每过 85.7 年，岁星实际所在星次比人们认定的岁星所在星次提前一次。这种现象，叫做超次，又叫做超辰。当初，人们只是用肉眼观察，粗疏而不精密，对超次现象并无认识，而是认为岁星正好整十二年运行一周天。岁星在实际运行中的位置虽然逐年有所前移，但因移位不大，所以在短期内难

---

① 郭沫若《释支干》："岁星纪年之事在殷周之际或其以前已有之，殆属可信。"载《郭沫若全集·考古编》第一卷《甲骨文字研究》。

② 陈久金撰《从马王堆帛书〈五星占〉的出土试探我国古代的岁星纪年问题》："春秋战国时代，各国都用自己的纪年，交往很感不便，因而就有人设想用一种与历法相类似的纪年方法，只与天象有关，不与人间变化发生关系。这就是岁星纪年法。"载科学出版社 1978 年出版的《中国天文学史文集》。

③ 岁星纪年最早见于《左传》与《国语》。

于及时发现。当岁星运行七个周期以后，岁星所在位置提前一次，这才引起人们的注意。《左传》鲁襄公二十八年记载："岁在星纪，而淫于玄枵。"淫者，过也。按人们认定的岁星之次，今年应该运行到星纪，而实际观察到的结果却是岁星已经超过星纪而运行到了玄枵。年代越久，超前越多，与原来规定的作为各次标志的星宿天区距离越远。这自然会使人们感到，岁星纪年并不十分理想。如果有一个天体，整十二年运行一周，永无误差，岂不更好！但是，天上实有的五大行星的运行周期都不与此想法相合。于是，人们就假设了一个虚无的天体，就是太岁星。人们规定太岁的运行速度与岁星大致相同，但不是近似十二年一周天，而是整十二年一周天；运行的轨道与岁星相同，但运行方向自东向西，与岁星逆行。沿黄道附近一周天划分的十二等份，作为计量岁星自西向东运行的序次称为十二次，而作为计量太岁自东向西运行的序次取用十二辰。十二辰由东向西，用十二支表示。太岁沿十二辰自东向西运行，每年行经一辰，整十二年一个周期，周而复始。这就是太岁纪年法。太岁纪年法用十二支作为太岁所在辰位的名称，每一辰取一个年名。这套年名，叫做岁阴。根据石氏《星经》，岁阴辰位、年名与二十八宿的对应关系，如下图：

纪年图表 4　岁阴辰位、年名与二十八宿对应图

后来，人们又将十干用于太岁纪年。用十干作为太岁所在辰位的名称，另为每干表示的辰位取一个年名。这套年名，叫做岁阳。岁阳辰位与年名的对应关系，如下表：

岁阳	辰位	甲	乙	丙	丁	戊	己	庚	辛	壬	癸
	年名	阏逢	旃蒙	柔兆	强圉	著雍	屠维	上章	重光	玄黓	昭阳

纪年图表 5　岁阳辰位、年名对应表

十岁阳与十二岁阴依次相配，用以纪年，组成自"阏逢困

125

敦"（甲子）至"昭阳大渊献"（癸亥）六十个新的年名。如

下表：

年名	辰次	年名	辰次	年名	辰次	年名	辰次	年名	辰次	年名	辰次
阏逢困敦	甲子	阏逢阉茂	甲戌	阏逢涒滩	甲申	阏逢敦牂	甲午	阏逢执徐	甲辰	阏逢摄提格	甲寅
旃蒙赤奋若	乙丑	旃蒙大渊献	乙亥	旃蒙作噩	乙酉	旃蒙协洽	乙未	旃蒙大荒落	乙巳	旃蒙单阏	乙卯
柔兆摄提格	丙寅	柔兆困敦	丙子	柔兆阉茂	丙戌	柔兆涒滩	丙申	柔兆敦牂	丙午	柔兆执徐	丙辰
强圉单阏	丁卯	强圉赤奋若	丁丑	强圉大渊献	丁亥	强圉作噩	丁酉	强圉协洽	丁未	强圉大荒落	丁巳
著雍执徐	戊辰	著雍摄提格	戊寅	著雍困敦	戊子	著雍阉茂	戊戌	著雍涒滩	戊申	著雍敦牂	戊午
屠维大荒落	己巳	屠维单阏	己卯	屠维赤奋若	己丑	屠维大渊献	己亥	屠维作噩	己酉	屠维协洽	己未
上章敦牂	庚午	上章执徐	庚辰	上章摄提格	庚寅	上章困敦	庚子	上章阉茂	庚戌	上章涒滩	庚申
重光协洽	辛未	重光大荒落	辛巳	重光单阏	辛卯	重光赤奋若	辛丑	重光大渊献	辛亥	重光作噩	辛酉
玄黓涒滩	壬申	玄黓敦牂	壬午	玄黓执徐	壬辰	玄黓摄提格	壬寅	玄黓困敦	壬子	玄黓阉茂	壬戌
昭阳作噩	癸酉	昭阳协洽	癸未	昭阳大荒落	癸巳	昭阳单阏	癸卯	昭阳赤奋若	癸丑	昭阳大渊献	癸亥

纪年图表6　岁阳岁阴相配组成六十年名表

岁阳、岁阴，在《尔雅·释天》、《淮南子·天文训》、《史记》的《历书》与《天官书》、《汉书》的《律历志》与《天文志》等文献中都有记载。1973 年在长沙马王堆三号汉墓出土的帛书《五星占》，写作年代约在公元前 170 年左右，时值汉文帝时期，文中关于木星占的部分，记载了岁星与岁阴十二年名的对应关系。《史记·历书》所载《历术甲子篇》，使用的纪年方法就是由岁阳岁阴相配组成的六十年名。如"焉逢摄提格太初元年"，焉逢，即阏逢。又"昭阳赤奋若五凤元年"。这些年名，后人很少使用，偶尔有人使用，也是意在存古。如《资治通鉴》，每卷卷首用岁阳岁阴相配组成的六十年名标明本卷记事的起讫之年。以卷一卷首为例："起著雍摄提格，尽玄黓困敦，凡三十五年。"这些纪年年名早已经不通用，为读者了解年代带来很大不便，所以，二十世纪五十年代出版的《资治通鉴》校点本，在每个纪年年名之下都增注了纪年干支。还以卷一为例："起著雍摄提格（戊寅），尽玄黓困敦（壬子），凡三十五年。"清代学者多有用此纪年方法纪年者。如朱彝尊撰《谒孔林赋》中有云："粤以屠维作噩之年，我来自东，至于仙源。"朱氏自编诗文集《曝书亭集》中所收诗的系年，也是使用的岁阳岁阴相配组成的六十年名。又俞樾撰《诸子平议·序目》云："是书也成，与《群经平议》同置箧中，未出也。及《群经平议》刻成，而此书亦遂不自秘，稍稍闻于人。诸君子闻有此书，乃谋醵钱而刻之。经始于强圉单阏之岁，至上章敦牂而始观厥成，盖非一日之功，亦非一人之力也。"强圉，岁阳年名，辰位在丁；单阏，岁阴年名，辰位在卯。强圉单阏，十岁阳、十二岁阴依次相配组成的六十年名之一，即以干支纪年的丁卯年。上章敦牂，即庚午年。又李有棻撰《校刻辽金纪事本末原叙》于文末记写叙时间云："光绪十九年岁次昭阳大荒落痫月。"昭阳大荒落，即癸巳年。痫，月阴月名，月在辰，即农历三月。在历代使用岁阳岁阴相配组成的六十年名纪时的语例中，也有个别语例同时用它纪月、纪日。如司马倬为司马光《潜虚》写跋语，其末记其作跋时间云："乾道二年，岁在柔兆阉茂，玄黓执徐月，极大渊献日。"又元代成宗大德刻本《风科集验名方》，有赵素才卿所作序，文末署作序时间云："时岁在昭阳赤奋若，仲夏著雍敦牂朔旦。"这种将纪年的岁名用于纪月、纪日，实是谬用。

3. 岁星纪年与太岁纪年的对应关系

太岁纪年法大约产生于战国中期。太岁纪年法创制伊始，人们使它与岁星纪年法保持着一定的对应关系。根据二者的对应关系，只要知道岁星所在星次，即可推算出太岁所在辰位。

据《史记·天官书》记载的战国中期石氏《星经》说，"以摄提格岁岁阴左行在寅，岁星右转居丑"，则岁星纪年与太岁纪年的对应关系，如下表：

战国中期岁星纪年与太岁纪年对应关系表						
太岁纪年				岁星纪年		
太岁在辰	年名	二十八宿	次位	岁星在次	二十八宿	辰位
寅	摄提格	斗箕尾	析木	星纪	斗牛	丑
卯	单阏	尾心房氐	大火	玄枵	女虚危	子
辰	执徐	氐亢角轸	寿星	娵訾	室壁	亥
巳	大荒落	轸翼张	鹑尾	降娄	奎娄	戌
午	敦牂	张星柳	鹑火	大梁	胃昴毕	酉
未	协洽	柳鬼井	鹑首	实沈	觜参	申
申	涒滩	井参觜毕	实沈	鹑首	井鬼	未
酉	作噩	毕昴胃	大梁	鹑火	柳星张	午
戌	阉茂	胃娄奎	降娄	鹑尾	翼轸	巳
亥	大渊献	奎壁室危	娵訾	寿星	角亢	辰
子	困敦	危虚女	玄枵	大火	氐房心	卯
丑	赤奋若	女牛斗	星纪	析木	尾箕	寅

纪年图表 7-1　战国中期岁星纪年与太岁纪年对应关系表

上文已经提到，1973 年在长沙马王堆三号汉墓出土一部帛书《五星占》，写作年代约在公元前 170 年左右，时值汉文帝时期，文中关于木星占的部分，记载了岁星与岁阴十二年名的对应关系。帛书《五星占》在木星占中说："东方木，其帝大浩（昊），其丞句芒（芒），其神上为岁星。岁处一国，是司岁。岁星以正月与营室晨［出东方，其名为摄提格。其明岁以二月与东壁晨出东方，其名］为单阏。其明岁以三月与胃晨出东方，其名为执徐。其明岁以四月与毕晨［出］东方，其名为大荒［落。其明岁以五月与东井晨出东方，其名为敦牂。其明岁以六月与柳］晨出东方，其名为汁给（协洽）。其明岁以七月与张晨出东方，其名为芮茣（涒滩）。其明岁［以］八月与轸晨出东方，其［名为作噩］（作鄂）。［其明岁以九月与亢晨出东方，其名为阉茂］。其明岁以十月与心晨出［东方］，其名为大渊献。其明岁以十一月与斗晨出东方，其名为困敦。其明岁以十二月与虚［晨出东方，其名为赤奋若。其明岁以正月与营室晨出东方］，复为摄提［格，十二岁］而周。"① 根据帛书《五星占》记述的岁星在星宿中的位置及与岁阴十二年名的关系，秦至汉初岁星纪年与太岁纪年之间的对应关系如下表：

---

① 此引马王堆汉墓帛书整理小组《马王堆汉墓帛书〈五星占〉释文》，载《中国天文学史文集》。

秦至汉初岁星纪年与太岁纪年对应关系表					
太岁纪年			岁星纪年		
太岁在辰	年名	二十八宿	次位	岁星在次	二十八宿	辰位
寅	摄提格	斗箕尾	析木	玄枵	室	子
卯	单阏	尾心房氐	大火	娵訾	壁	亥
辰	执徐	氐亢角轸	寿星	降娄	胃	戌
巳	大荒落	轸翼张	鹑尾	大梁	毕	酉
午	敦牂	张星柳	鹑火	实沈	井	申
未	协洽	柳鬼井	鹑首	鹑首	柳	未
申	涒滩	井参觜毕	实沈	鹑火	张	午
酉	作噩	毕昴胃	大梁	鹑尾	轸	巳
戌	阉茂	胃娄奎	降娄	寿星	亢	辰
亥	大渊献	奎壁室危	娵訾	大火	心	卯
子	困敦	危虚女	玄枵	析木	斗	寅
丑	赤奋若	女牛斗	星纪	(星纪)	虚	丑

纪年图表 7-2　秦至汉初岁星纪年与太岁纪年对应关系表

东汉初年，班固撰《汉书》，在《天文志》记载了汉武帝时期制定太初历时岁星纪年与太岁纪年的对应关系。《汉书·天文志》："太岁在寅曰摄提格，太初历在营室、东壁。在卯曰单阏，太初在奎、娄。在辰曰执徐，太初在胃、昴。在巳曰大荒落，太初在参、罚。在午曰敦牂，太初在东井、舆鬼。在未曰协洽，太初在注、张、七星。在申曰涒滩，太初在翼、轸。在酉曰作鄂，太初在角、亢。在戌曰掩茂，太初在氐、房、心。在亥曰大渊献，太初在尾、箕。在子曰困敦，太初在建星、牵牛。在丑曰赤奋若，太初在婺女、虚、危。"① 根据《汉书·天文志》记载的岁星在星宿中的位置及与岁阴十二年名的关系，西汉中期岁星纪年与太岁纪年的对应关系如下表：

太初历岁星纪年与太岁纪年对应关系表						
太岁纪年				岁星纪年		
太岁在辰	年名	二十八宿	次位	岁星在次	二十八宿	辰位
寅	摄提格	斗箕尾	析木	娵訾	室壁	亥
卯	单阏	尾心房氐	大火	降娄	奎娄	戌
辰	执徐	氐亢角轸	寿星	大梁	胃昴	酉
巳	大荒落	轸翼张	鹑尾	实沈	参罚（参宿星）	申
午	敦牂	张星柳	鹑火	鹑首	井鬼	未
未	协洽	柳鬼井	鹑首	鹑火	注（柳）星张	午
申	涒滩	井参觜毕	实沈	鹑尾	翼轸	巳
酉	作噩	毕昴胃	大梁	寿星	角亢	辰
戌	阉茂	胃娄奎	降娄	大火	氐房心	卯
亥	大渊献	奎壁室危	娵訾	析木	尾箕	寅

---

① 此引《汉书·天文志》，文中"太初"，指太初历。

太初历岁星纪年与太岁纪年对应关系表						
太岁纪年				岁星纪年		
子	困敦	危虚女	玄枵	星纪	建星（斗宿星）牛	丑
丑	赤奋若	女牛斗	星纪	玄枵	女虚危	子

纪年图表 7 - 3　太初历岁星纪年与太岁纪年对应关系表

　　通过以上三表明显看出，三个阶段的太岁纪年没有变化，而岁星纪年的星次发生了变化。太岁在寅，年为摄提格，岁星的星次，战国中期岁在星纪，辰位在丑；秦至汉初岁在玄枵，辰位在子；西汉中期岁在娵訾，辰位在亥。岁星所在星次，三个阶段依次各差一次。这种情况，显然是由岁星的超次现象引起的。由于岁星纪年存在超次现象，所以，它与太岁纪年的对应关系是不稳固的，需要不断调整，否则是无法长期维持下去的。

　　岁星纪年是以天象为依据的纪年方法。岁星纪年的依据是岁星十二年运行一周天，但是，岁星的实际运行是 11.86 年一周天。岁星每绕行一周天，就比人们认定的十二年提前 0.14 年。每过 85.7 年，岁星实际所在星次比人们认定的岁星所在星次提前一次。这种超次现象，汉初，人们还没有能够作出理论说明，但从实际的天象观测中已经发现岁星运行与纪年之间出现的误差。为了弥补这种误差，采取使岁星的纪年星次前提一次的办法，以使与岁星实际所在星次相合或者接近。到了西汉末年，刘歆发现岁星超次问题，但是他提出的岁星"百四十四岁一超次"的意见，① 与实际天象并不相符。超次问题提出以后，并未引起人们的过于重视，因为，时过不久，岁星纪年便被干支纪年所取代。

（三）干支纪年

1. 干支纪年法的产生

干支纪年法，是由太岁纪年法演变来的。

上文述及，岁星纪年法是以天体岁星十二年运行一周天为依据，而岁星的实际运行速度是 11.86 年一周天，每过85.7 年便超行一次。超次现象使岁星运行与纪年之间出现误差，说明岁星纪年法不够精确。太岁纪年法是以假想的天体太岁每经整十二年运行一周天为依据，所以，这种纪年方法周而复始地使用，永远不会出现误差。因为太岁纪年与岁星

---

① 《后汉书·律历志中》记载汉顺帝汉安二年边韶上言引。《宋书·律历志下》记载祖冲之辩折戴法兴所难，其中说："岁星之运，年恒过次，行天七币，辄超一位。"祖冲之的测算结果，已与实际天象十分接近。

纪年保持着一定的对应关系，岁星纪年的超次现象造成的误差，必然影响到太岁纪年的精确程度。这种情况，使人们感到，要使持续不断的太岁纪年精确无误，就要脱离与岁星的对应关系。太岁本来是一个假设的天体，当它与岁星脱离关系而单独存在的时候，它也就和天体脱离了关系，成为一种纯粹的纪年方法。但是，太岁纪年的十岁阳与十二岁阴依次相配组成的六十个年名，用字僻涩，拗口难读，很难记忆，不便使用，而太岁纪年用于表示太岁所在辰位的干支，却是人们十分熟悉的，并且早已用于纪日与纪月，既已习惯，又很实用。于是，人们便废弃太岁纪年的六十年名，而只留用表示太岁所在辰位的干支作为单纯的纪年符号。这样，便产生了干支纪年法。

干支纪年，始用于东汉。此后，与利用君主在位年数纪年的方法并行，一直使用到清朝末年。东汉以前的纪年干支，是后人逆推出来的，逆推出的最早的准确而又连续的干支纪年是西周共和元年，这一年为庚申年，是公元前841年。它是中国有准确而又连续纪年的始年。清朝灭亡以后，已经不使用干支纪年，但是我们依然可以知道公元某年的干支，如公元1990年是庚午年，1996年是丙子年等，这是人们顺推出来的。在今天的挂历及月份牌上，一般都还标注着当年的纪年干支。

2. 十二生肖用于纪年

中国自古以来，还有将十二生肖用于纪年的做法。

中国古代将十二种动物依附于十二支，称为十二生肖。关于十二生肖的记载，就目前掌握的材料，最早见于秦简。1975年12月，在湖北省云梦县睡虎地十一号秦墓中出土一批秦简，其中有两种《日书》。《日书》甲种："子，鼠也。丑，牛也。寅，虎也。卯，兔也。辰。巳，虫也。午，鹿也。未，马也。申，环也。酉，水也。戌，老羊也。亥，豕也。"据《睡虎地秦墓竹简》的注释，"辰"下未记生肖，当系漏抄。虫，《说文》"虫，一名蝮"，蝮乃毒蛇，则巳就是蛇。环，读为猨，即"猿"字，则申就是猴。水，以音近读为雉，雉为野鸡，则酉就是鸡。如此，则秦睡简《日书》十二种动物与十二支的对应关系，如下图（纪年图表 8）。

1986年4月，在甘肃省天水市北道区党川乡放马滩一号秦墓中出土一批秦简，其中也有两种《日书》。《日书》甲种："子，鼠矣。丑，牛矣。寅，虎矣。卯，兔矣。辰，虫矣。巳，鸡矣。午，马矣。未，羊矣。申，猴矣。酉，鸡矣。戌，犬矣。亥，豕矣。"如此，则秦放简《日书》十二种动物与十二支的对应关系，如下图（纪年图表 9）。

纪年图表 8　秦睡简十二生肖图

纪年图表 9　秦放简十二生肖图

　　秦简记载的十二生肖与汉代以后流传的十二生肖不尽相同。汉代以后流传的十二生肖，最早见于《论衡》。《论衡·物势》："寅，其禽虎也。戌，其禽犬也。丑，禽牛；未，禽羊也。亥，其禽豕也。巳，其禽蛇也。子，其禽鼠也。午，其禽马也。"同篇又说："午，马也。子，鼠也。酉，鸡也。卯，兔也。亥，豕也。未，羊也。丑，牛也。巳，蛇也。申，猴也。"又《言毒篇》："辰为龙，巳为蛇。"如此，则十二种动物与十二支的对应关系，如下图：

纪年图表 10　《论衡》十二生肖图

　　东汉以后，十二生肖散见于文献者日多。东汉蔡邕《月令问答》："凡十二辰之禽，五时所食者，必家人所畜，丑牛、未羊、戌犬、酉鸡、亥猪而已。其余龙、虎以下，非食也。"《后汉书·郑玄传》：建安"五年春，梦孔子告之曰：'起，起，今年岁在辰，来年岁在巳。'既寤，以谶合之，知命当终。有顷寝疾。其年六月卒，年七十四"。唐代李贤注云："北齐刘昼《高才不遇传》论玄曰：'辰为龙，巳为蛇，岁至龙、蛇贤人嗟。'玄'以谶合之'，盖谓此也。"《晋书·谢安传》：谢安疾笃，"谓所亲曰：'昔桓温在时，吾常惧不全。忽梦乘温舆行十六里，见一白鸡而止。乘温舆者，代其位也。十六里，止今十六年矣。白鸡主酉，今太岁在酉，吾病殆不起乎！'……寻薨，时年六十六"。

用十二生肖记载人的生年，称为属相，如子年出生的属鼠，寅年出生的属虎等。《北史·宇文护传》载有护母写给护的书信，其中说："昔在武川镇，生汝兄弟，大者属鼠，第二属兔，汝身属蛇。"将十二属相与十二支相对应，即可用来表示年份，如辰年可以称为龙年，午年可以说成马年等。唐代李商隐《行次西郊》诗："蛇年建丑月，我自梁还秦。南下大散岭，北济渭之滨。"蛇年建丑月，即巳年十二月。这样，十二生肖便和干支纪年结合起来，成为干支纪年的一种辅助性纪年方法。

3. 推算干支年的公历年

今天，人们学习与研究中国古代问题，为使年代概念明确，一般采用公历年份，如说秦始皇统一中国发生在公元前221年、宋朝建立是在公元960年等。因为中国古代长期使用干支纪年，所以，每一个公历年份都有一个与之对应的纪年干支。要了解某一公历年份的纪年干支，可以查阅有关年代的工具书，也可利用下面的方法计算出来。

我们已经知道，公历纪年分前、后两个大时段，干支纪年的第一干支是"甲子"，最靠近公历纪年前、后两个时段交接处的甲子年是公元4年。

首先编制一个"六十甲子表"，并为每一组干支标上正、倒两种序数号码，正序数号码1～60从"甲子"顺数至"癸亥"，倒序数号码1～60从"癸亥"逆数至"甲子"。其表如下：

1—60 甲子	2—59 乙丑	3—58 丙寅	4—57 丁卯	5—56 戊辰	6—55 己巳	7—54 庚午	8—53 辛未	9—52 壬申	10—51 癸酉
11—50 甲戌	12—49 乙亥	13—48 丙子	14—47 丁丑	15—46 戊寅	16—45 己卯	17—44 庚辰	18—43 辛巳	19—42 壬午	20—41 癸未
21—40 甲申	22—39 乙酉	23—38 丙戌	24—37 丁亥	25—36 戊子	26—35 己丑	27—34 庚寅	28—33 辛卯	29—32 壬辰	30—31 癸巳
31—30 甲午	32—29 乙未	33—28 丙申	34—27 丁酉	35—26 戊戌	36—25 己亥	37—24 庚子	38—23 辛丑	39—22 壬寅	40—21 癸卯

续　表

41—20 甲辰	42—19 乙巳	43—18 丙午	44—17 丁未	45—16 戊申	46—15 己酉	47—14 庚戌	48—13 辛亥	49—12 壬子	50—11 癸丑
51—10 甲寅	52—9 乙卯	53—8 丙辰	54—7 丁巳	55—6 戊午	56—5 己未	57—4 庚申	58—3 辛酉	59—2 壬戌	60—1 癸亥

纪年图表 11　求取公历纪年干支所用六十甲子表

求取公元前后纪年干支：

(1) 公元前

(公元前年＋3)÷60＝商，又余数。

余数为 1～59 中某数者，该数即公元前年干支倒序数，据此即可在表中查到公元前年的干支。

余数为 0 者，公元前年的干支是甲子。

(2) 公元后

(公元年－3)÷60＝商，又余数。

余数为 1～59 中某数者，该数即公元年干支正序数，据此即可在表中查到公元年的干支。

余数为 0 者，公元年的干支是癸亥。

用这种方法，可以很快求出所需要公元年的干支。如秦于公元前 221 年灭六国完成统一大业，求这一年的干支：(221＋3)÷60＝3，又余数 44。六十甲子表中倒序数 44 的干支是庚辰，则公元前 221 年是庚辰年。又如赵匡胤篡后周而建北宋，在公元 960 年，求这一年的干支：$(960-3) \div 60 = 15$，又余数 57。六十甲子表中正序数 57 的干支是庚申，则公元 960 年是庚申年。

四、与纪年有关的几个问题

（一）岁　首

岁首，又称年始，即一年的开始。讨论岁首问题，是考察以哪个月作为一年的开始（正月）。

中国古代有"三正"说。所谓"三正"，是说夏、商、周三代历法的岁首（正月）不同：夏正建寅，殷正建丑，周正建子。《尚书大传》："夏以孟春月为正，殷以季冬月为正，周以仲冬月为正。"[①] 又《史记·历书》："夏正以正月，殷正以十二月，周正以十一月。盖三王之正若循环，穷则反本。"用十二支表示月份，则夏历以寅月为正月，殷历以丑月（夏历的十二月）为正月，周历以子月（夏历的十一月）为正月。

这是中国古代关于上古夏、商、周三代历法不同岁首（正

---

① 汉代班固撰《白虎通义·三正》引。

月）的传统说法。

"三正"说始见于《左传》。《左传》鲁昭公十七年引用时人梓慎的话说："火出，于夏为三月，于商为四月，于周为五月。"火，星名，又名大火，是心宿中较亮的一颗星。此言火星黄昏出现于东方的时间，夏历在三月，殷历在四月，周历在五月。火星昏见的同一时间，却在三代的不同月份，说明三代历法的岁首（正月）不同，递差一月。据此，"三正"说至迟出现于春秋后期。

"三正"一词始见于《尚书·甘誓》。相传《甘誓》是夏启讨伐有扈氏时在甘地的誓师词。夏启在誓师词中列举有扈氏的罪状，其中提到："有扈氏威侮五行，怠弃三正。""三正"与"五行"并举，当指历法。东汉马融注："建子、建丑、建寅，三正也。"[1]"三正"既然是指夏、商、周三代历法的岁首，那么，建立夏朝的启怎么能够预知后来的商、周二代历法的岁首呢？于是后人强为曲解。有人仍以历法"三正"解之，但将时间上推，认为三代以前已有"三正迭建"之事。迭，通"迭"，交替，轮流。《尚书·舜典》孔颖达《尚书正义》引郑玄云："帝王易代，莫不改正，尧正建丑，舜正建子。"南宋蔡沈撰

---

[1]　唐代陆德明撰《经典释文》引。

《书经集传》："今按此章，则三正佚建，其来久矣。舜'协时月正日'，亦所以一正朔也。子、丑之建，唐、虞之前当已有之。"顾炎武撰《日知录》卷四："'三正'之名，见于《甘誓》。苏氏以为自舜以前必有以建子、建丑为正者，其来尚矣。"清代赵翼撰《陔余丛考》卷一："夏正建寅，商正建丑，周正建子，此三正也。然《夏书·甘誓》云'有扈氏怠弃三正'，则夏之前已有'三正'矣。"有人拘于"三正"为三代岁首之说，但又因此悖谬于时，故而不敢以历释之，而另辟他解。《史记·夏本纪》"有扈氏威侮五行，怠弃三正"句，裴骃撰《史记集解》引郑玄注："三正，天、地、人之正道。"《尚书·甘誓》"怠弃三正"句孔传沿袭郑说云："怠惰弃废天、地、人之正道。"今人周秉钧撰《尚书易解》："三正者，按'正'与'政'通，谓政事。《左传》文公七年晋郤缺解《夏书》云：'正德、利用、厚生，谓之三事。'三事，即三正也。怠弃三正，谓不重视正德、利用、厚生三大政事。"其实，《甘誓》虽记夏初史事，但其决非夏代遗文，实为后人根据传闻写成，成文时间当在战国时期。即使史料来源有所依据，但也难免加进去追记拟作学者所处时代政治、思想、学术、文化等方面的特色。所以，表述历法岁首的"三正"一词始见于战国时期，当近史实。

验之文献与考古资料，应该说，对"三正"的传统认识，既有其缘由，又与史实不完全相合。何以言之？试浅释之。

夏代岁首，《夏小正》可证。①《夏小正》分十二月记述一年各月的时令，于十一月云该月"日冬至"。冬至必在子月，据此，则夏代正月为寅月，即岁首建寅。《礼记·礼运》："孔子曰：'我欲观夏道，是故之杞，而不足征也，吾得夏时焉。'"《史记·夏本纪》司马迁说："孔子正夏时，学者多传《夏小正》。"孔子自夏后杞国故老访得夏代历时而传，后人整理成文，即汉人所见《夏小正》。孔子访得夏时在春秋末年，司马迁见到《夏小正》在西汉中期。自春秋末年至西汉中期四百年左右流传过程中整理修改完善而成的《夏小正》"十一月……日冬至"，是否孔子所访得的夏时，实难肯定，但是，当时人据之认为夏正建寅，应该说是有据而言，事属合理。今天看来，夏正建寅既无其他文献参证，又无考古资料可据，其说反难确言。

殷代的岁首，只有考察甲骨文。殷代甲骨文中虽有大量的纪时材料，但其正月相当于夏历的几月，实难确定。董作宾根据殷正建丑的传统说法，编制《殷历谱》，提出："全殷代皆以

---

① 西汉后期戴德将《夏小正》编入《大戴礼记》。

建丑之月为正月。"又，常正光在《殷历考辨》中，通过综合考察甲骨文中有关气象与农业生产的材料，提出："在大辰星昏见以后的夏四月，乃是殷历的一月。"又说殷代"以大辰（大火）星昏见的夏四月为岁首"。① 这些关于殷代历时岁首的见解，皆为学者的一家之言，未得学界认同。

周代分为西周、东周两个历史时期。

西周岁首，有几说。董作宾在其所编《西周年历谱》中，拘泥于"三正"之说，认为西周以建子之月为正。也有学者提出西周承用殷历，以建丑之月为正。张汝舟撰《西周考年》："春秋初期是建丑为正，建子为正必是僖公以后事。《春秋》用周历，所谓'王正月'，断没有西周建子为正，到东周忽然来一段建丑之理。事实是西周承用殷历。"② 张汝舟又在《中国古代天文历法表解》的《引言》中说："西周承用殷正建丑，一直到春秋前期。"③ 马承源通过对金文纪时材料的研究，认为就现有的材料，还不能确定西周时期的岁首。他在《西周金文和周历的研究》中指出："周人以正月建子，冬至在岁首，这是

---

① 载《古文字研究》第六辑，第119页。

② 载张汝舟撰《二毋室古代天文历法论丛》，浙江古籍出版社1987年出版，第162页。

③ 载张汝舟撰《二毋室古代天文历法论丛》，第5页。

一个普遍的说法。但在现有的西周文献包括金文资料之中，都没有正月建子和冬至在岁首的记载。"又说："《淮南子·天文训》：'十一月始，建子。'这就是所谓周历以夏历十一月为岁首，自来成为定说。但史籍中所说的周历，都是春秋时代的，没有直接的西周资料可以证明。"这就是说，言西周岁首，无实证可据。张汝舟根据《春秋》纪时于初建丑而后建子，推论"断没有西周建子为正，到东周忽然来一段建丑之理，事实是西周承用殷历"。这一推论有道理。

东周分为春秋、战国前后两个历史时期，其岁首，情况较为复杂。

春秋时期，考察《春秋》与《左传》的纪时材料，大致说来，《春秋》纪时，以春秋中期为界分为前后两个时期，前期以建丑之月为正月，中期以后以建子之月为正月。杨伯峻撰《春秋左传注》于鲁僖公四年经"春王正月"句注云："去年十二月二十一日己酉冬至，建丑。自此以前，建丑之年为多。盖古人以土圭测日影以定冬至，冬至之月既定，于是以其翌月为明年正月，为功较易。其后历法较精，则建子之年渐多。"《左传》纪时，所纪月份有的与《春秋》不一致，如鲁隐公六年"宋人取长葛"，经书"冬"而传云"秋"；桓公七年"谷伯绥来朝，邓侯吾离来朝"，经书"夏"而传云"春"；僖公五年

"晋侯杀其世子申生"，经书"春"而传在上年（四年）十二月；文公十四年"齐公子商人弑其君舍"，经书"九月"而传云"七月"。清代赵翼在《陔余丛考》卷一指出："春秋时周正已不遍行列国，有用周正者，有用殷正者，有用夏正者。"又说："刘原父谓《左氏》月日多与经不同，盖《左氏》杂取当时诸侯史策之文，其用三正，参差不一，故与经多歧。可见是时列国各自用历，不遵周正，固已久矣。"春秋时期列国各自用历、岁首不一的情况，金文中的纪时材料也有反映。如《郜公簋铭》："唯郜正二月初吉乙丑。"郜正，与《春秋》"王正"的语例相同。言"郜正"，为的是与"王正"相区别。"王正"是指周王室颁行历法之正，则"郜正"自当是郜国自行历法之正。又如邓国器有"邓八月"、"邓九月"，亦用本国之正。①

战国时期，各国用历极不统一。据汉代文献记载，战国时期行用的历法共有六种，即：黄帝历、颛顼历、夏历、殷历、周历、鲁历，史称"古六历"。《汉书·律历志》："三代既没，五伯之末史官丧纪，畴人子弟分散，或在夷狄，故其所记，有黄帝、颛顼、夏、殷、周及鲁历。"又《汉书·艺文志》于

---

① 参阅杨伯峻撰《春秋左传注》鲁隐公元年经"春王正月"句注。

"数术略"著录:"《黄帝五家历》三十三卷。""《颛顼历》二十一卷。""《夏殷周鲁历》十四卷。"这六种历法的各自名称,并不代表它们各自时间的先后,大约都创制于战国时期。因为六种历法在不同的地区使用,有的又岁首不同,所以有了不同的名称。就其岁首来说,六种历法,四种岁首:夏历建寅,以孟春之月为岁首;殷历建丑,以季冬之月(夏历十二月)为岁首;黄帝、周、鲁三历建子,以仲冬之月(夏历十一月)为岁首;颛顼历建亥,以孟冬之月(夏历十月)为岁首。孟子生活于战国中期,《孟子》中数次提到时令,用周历,建子为正。如《孟子·梁惠王上》:"七、八月之间旱,则苗槁矣。天油然作云,沛然下雨,则苗浡然兴之矣。"又《孟子·离娄下》:"七、八月之间雨集,沟浍皆盈。"东汉赵岐注二处皆云:"周七、八月,夏之五、六月也。"又《孟子·滕文公上》:"秋阳以暴之。"赵岐注:"秋阳,周之秋,夏之五、六月,盛阳也。"1975年,在湖北省云梦县睡虎地十一号秦墓中出土大批简书,其中有数处关于岁首的材料:(1)简书《编年记》逐年记事,从秦昭王元年记至秦始皇三十年,于昭王五十六年记:"五十六年,后九月,昭死。"整理者注:"秦以十月为岁首。"秦以十月为岁首,年之末月为九月,年终置闰,故有"后九月"。夏历十月为建亥之月,则秦国以亥月为岁首。(2)简书中有两种《日书》，甲种《日书》记有一份秦、楚月名对照表，从二者的对应关系可以知道，楚地用历也是以亥月（夏历十月）为岁首。（3）简书《为吏之道》中记有两条魏律，一是"魏户律"，一是"魏奔命律"。这两条魏律的首句都是纪时文字，且文字相同，即："廿五年闰再十二月丙午朔辛亥。"整理者注："廿五年应为魏安釐王二十五年。"年终置闰，而闰十二月，则魏国使用夏正，以寅月为岁首。马承源撰《西周金文和周历的研究》："金文中有'正某月某日'者，如应侯钟'隹正二月初吉'，儆兒钟'隹正九月初吉丁亥'，子璋钟'隹正七月初吉丁亥'，陈侯因资錞'隹正六月癸未'，宽兒钟'隹正八月初吉壬申'。以上除应侯钟为西周器外，其余皆春秋战国之器。""'正某月'者与'王某月'语例相同。""《春秋》的'春王正月'，此'王'是指周王朝的历法而言，即是鲁国政权规定的奉行周王朝历法。那么'正某月'当是指某国政权所奉行的历法，与'王某月'在这里是对应的历法用语。"

综上所述可以知道，所谓夏正建寅、殷正建丑、周正建子的"三正"是否三代当时各自行用的岁首，目前尚难确言。但是，从《夏小正》十一月"日冬至"的记载与东周春秋前期多建丑而后期多建子的史实推想，夏正建寅、殷正建丑、周正建子又是有可能的。只是，当时岁首的确定，可能是根据某种天象气候，或者根据某种物候农作，所以，历时粗疏而不精密。随着对历时认识的深入，岁首的确定也一步步向接近科学的方向迈进。于是，在三代漫长的历史进程中，岁首先是建寅，继有建丑，后改建子。这个进程，与夏商周三代的更替无关，而是随着人们对历时岁首认识的进步而进行的。所以，岁首的更替与三代改朝换代的时间不等齐，以致建丑之岁首一直延续到春秋中期才被建子所代替。有此时间点，所以夏商周三代"三正"说便于春秋后期产生了。战国时期，七雄分立，各行其历，其岁首，延续建寅、建丑、建子之序而有建亥，则凡四。战国时期四种岁首分行各国，直到秦国统一方使历时岁首统一于建亥。这样认识，可能较为接近史实。

秦灭六国，建立统一王朝，仍沿秦国历制，颁行颛顼历，以建亥之月（夏历十月）为岁首。《史记·秦始皇本纪》："改年始，朝贺皆自十月朔。"《史记正义》："周以建子之月为正，秦以建亥之月为正，故其年始用十月而朝贺。"

西汉前期，承袭秦制，仍用颛顼历，以建亥之月（夏历十月）为岁首。《史记·张丞相列传》："张苍为计相时，绪正律历，以高祖十月始至霸上，因故秦时本以十月为岁首，弗革。"《汉书·律历志》:"汉兴,方纲纪大基,庶事草创,袭秦正朔。以北平侯张苍言,用颛顼历。"汉初以夏历十月为岁首,已得到考古资料的证实。1972 年,在山东省临沂县银雀山二号汉墓出土了汉武帝初年的《元光元年历谱》。汉武帝建元七年,后改为元光元年,为公元前 134 年。历谱共三十二简,第一简纪年,第二简纪月,第三至三十二简纪日。该年十三个月,始月为十月,末月为后九月,显然以十月为岁首,年末置闰。

由于西汉前期以夏历十月为岁首,所以阅读《史记》有关秦史部分与《史记》、《汉书》有关西汉前期史部分,对其纪年需要特别留意。如《史记·秦始皇本纪》记载"始皇出游"、"崩于沙丘"、次年改元等事云:秦始皇"三十七年十月癸丑,始皇出游"。"七月丙寅,始皇崩于沙丘平台。""行从直道至咸阳,发丧。太子胡亥袭位,为二世皇帝。九月,葬始皇郦山。""二世皇帝元年,年二十一。"根据这段记载的时间,秦始皇于出游当年死亡,胡亥次年改元称"二世皇帝元年"。用公历对应纪年,秦始皇三十七年为公元前 210 年。依夏历建寅之月为岁首(正月)纪年,始皇出游则在上年即前 211 年,始皇死亡与二世改元同在当年即前 210 年。又《史记·高祖本纪》记载英布之死云:汉高祖刘邦"十二年十月,高祖已击布军会甄,

布走，令别将追之"。"汉将别击布军洮水南北，皆大破之，追
得斩布鄱阳。""十一月，高祖自布军至长安。"根据这段记载
的时间，英布被杀在汉高祖刘邦十二年。用公历对应纪年，汉
高祖刘邦十二年为公元前 195 年。依夏历建寅之月为岁首（正
月）纪年，英布被杀则在上年即前 196 年。又《史记·孝文本
纪》记载陈平去世时间云：文帝"二年十月，丞相平卒"。根据
这段记载的时间，陈平去世在汉文帝二年。用公历对应纪年，
汉文帝二年为公元前 178 年。依夏历建寅之月为岁首（正月）
纪年，陈平去世则在上年即前 179 年。在近现代学者的著述中，
这一时段的纪年在对应公历纪年时大都因未予"特别留意"而
致误。就以英布、陈平二人死年为例。上海辞书出版社 2000 年
出版《中国历史大辞典》释英布生死年云"英布（？～前
195）"，释陈平生死年云"陈平（？～前 178）"，二人死年皆
误后一年。又商务印书馆 1983 年出版修订本《辞源》，是一部
专门"为阅读古籍用的工具书和古典文史研究工作者的参考
书"，[1] 释英布、陈平死年也都误后一年。又《汉书·高帝纪》
记载项羽之死与汉王刘邦称帝的时间云："五年冬十月，汉王
追项羽至阳夏南止军。""十二月，围羽垓下。羽夜闻汉军四

---

① 《辞源》"出版说明"语。

面皆楚歌，知尽得楚地，羽与数百骑走，是以兵大败。灌婴追斩羽东城。""春正月……诸侯上疏曰：'……昧死再拜上皇帝尊号。'……于是诸侯王及太尉长安侯臣绾等三百人，与博士稷嗣君叔孙通谨择良日二月甲午，上尊号。汉王即皇帝位于氾水之阳。"根据这段记载的时间，项羽被杀与刘邦称帝是同一年事，都在刘邦五年。依建寅之月为岁首（夏历正月）纪年，项羽被杀在上年十二月，刘邦称帝在当年二月，两件事分别为前后两年事。用公历对应纪年，刘邦五年为公元前202年。按夏历月与公历月对应关系的一般情况，公历月比夏历月前错一个月（概数），则项羽被杀的夏历上年十二月当在公历下年即前202年的1月。对此，今人著述中有两种表述：一是，如翦伯赞主编《中国史纲要》为"汉五年（公元前202年）十二月"；二是，如上引《中国历史大辞典》为"前202年12月"。显然，前是后非。汉五年为前202年，当时以建亥之月（夏历十月）为岁首，所以，以建寅之月（夏历正月）为岁首的上年的十二月成为建亥之月为岁首的下年的十二月。但是，依公历对应纪年，这个十二月当为下一公历年即前202年的1月。史实是项羽先死（前202年的1月），而后刘邦称帝（前202年的3月），将这个十二月与公历年拼合一起说明项羽死于"前202年12月"，使项羽死在刘邦称帝之后，岂不误哉！

汉武帝元封七年（前104），颁行新历，为纪念新历的颁行，改年号为太初，史称新历为"太初历"。"太初历"以建寅之月为正。《汉书·武帝纪》太初元年："夏五月，正历，以正月为岁首。"颜师古注："谓以建寅之月为正也。未正历之前，谓建亥之月为正。"

太初历以后，直到今天的农历，两千年来，虽历代历制屡改，但基本上都是使用夏历岁首，以寅月为正，仅有个别短暂时期改以他月为岁首。如王莽新朝。《汉书·王莽传》："以十二月朔癸酉为建国元年正月之朔。"莽新时期以丑月（夏历十二月）为岁首。又三国魏明帝景初时期。《宋书·律历志》："魏明帝景初元年，改定历数，以建丑之月为正，改其年三月为孟夏四月。其孟、仲、季月，虽与正岁不同，至于郊祀迎气、祭祠烝尝、巡狩蒐田，分至启闭，班宣时令，皆以建寅为正。三年正月，帝崩，复用夏正。"魏明帝景初时期也以丑月（夏历十二月）为岁首。又唐朝武则天时期。《旧唐书·则天皇后本纪》："依周制，建子月为正月，改永昌元年十一月为载初元年正月，十二月为腊月，改旧正月为一月。"武则天时期以子月（夏历十一月）为岁首。如此而已。

(二) 四　季

四季，古称四时，即春、夏、秋、冬。

四时的划分，始于何时？先秦与汉代文献有如下记载，《文子·精诚》："昔黄帝之治天下，调日月之行，治阴阳之气，节四时之度，正律历之数。"又说："虑牺氏之王天下也，枕石寝绳，秋杀冬约。"《淮南子·览冥训》：女娲之时，"和春阳夏，杀秋约冬"。又《淮南子·主术训》："昔者神农之治天下也，神不驰于胸中，智不出于四域，怀其仁诚之心，甘雨时降，五谷蕃植，春生夏长，秋收冬藏，月省时考，岁终献功。"据此，则人类伊始，就有四时。但是，这是上古时期的传说历史，不可视实。

甲骨文中，纪时名词已有"春"、"秋"二字。如董作宾编《殷虚文字外编》452："戊寅卜，夬贞：今春众有示。十月。"又胡厚宣编《甲骨文续存》1.550："戊寅卜，宾贞：今秋囚方其𗊛于𥄎。"又商承祚编《殷契佚存》991："戊戌卜，㱿贞：𗊛祀六来秋。"甲骨文中有"冬"字，但不作纪时名词，而为"终"之初文，如中国社会科学院考古研究所编《小屯南地甲骨》744："癸卯卜，甲启不启，冬夕雨。"甲骨文中不见"夏"

字。西周金文，未发现四时名称。① 《春秋》编年纪事，以春、夏、秋、冬四时为序，说明春秋时期已分一年为四时。于省吾在《岁、时起源初考》中说："商代和西周只实行着二时制，四时制当发生于西周末期。"② 这个论断可信从。

一年分为四时，而四时的划分，在最初的"观象授时"时期，主要依靠对星宿的观察。《尚书·尧典》："日中星鸟，以殷仲春。""日永星火，以正仲夏。""宵中星虚，以殷仲秋。""日短星昴，以正仲冬。""期三百有六旬有六日，以闰月定四时成岁"。这是根据星、火、虚、昴四个星宿黄昏时出现在天空正南方的时间来确定四时。又《鹖冠子·环流》："斗柄东指，天下皆春。斗柄南指，天下皆夏。斗柄西指，天下皆秋。斗柄北指，天下皆冬。"这是根据北斗斗柄黄昏时所指方位来确定四时。到了春秋时期，随着历法的进步，已使用土圭来观测日影，以定冬至与夏至。《周礼·地官司徒》大司徒之职郑玄注："土圭所以致四时日月之景也。"可知，这时划分四时已由以观测天象为主而发展到以仪表测定为主。

一年十二个月，分为四时，一时三个月。古人把一时内的

---

① 参阅郭沫若撰《金文丛考》中《金文无所考·四时》。
② 见《历史研究》1961年第4期，第100页。

三个月分为孟、仲、季。其对应关系，如下表：

四时	春			夏			秋			冬		
月序	1	2	3	4	5	6	7	8	9	10	11	12
孟仲季	孟春	仲春	季春	孟夏	仲夏	季夏	孟秋	仲秋	季秋	孟冬	仲冬	季冬

纪年图表 12　四时与孟仲季对应表

战国、秦汉之际，五行之说盛行，人们将五行与五方（东、西、南、北、中）、五色（青、赤、白、黑、黄）、四时相配，并各有帝、神主之。这自属无稽迷信之说，但对后世却影响很大。据《吕氏春秋》、《礼记·月令》与《淮南子·时则训》记载，春，其位东方，其日甲乙，其德为木，其色青，其帝太皞，其神句芒。夏，其位南方，其日丙丁，其德为火，其色赤，其帝炎帝，其神祝融。秋，其位西方，其日庚辛，其德为金，其色白，其帝少皞，其神蓐收。冬，其位北方，其日壬癸，其德为水，其色黑，其帝颛顼，其神玄冥。中央，其日戊己，其德为土，其色黄，其帝黄帝，其神后土。以四时配五行，四时之日如何分配？《礼记·月令》孔颖达《礼记正义》："四时系天，年有三百六十日，则春、夏、秋、冬各分居九十日。五行分配四时，布于三百六十日间，以木配春，以火配夏，以金配秋，以水配冬，以土则每时辄寄王十八日也。"孔氏之说，是根据《管子·五行》。据《管子·五行》，作立五行以正天时，春、夏、秋、冬四时之日至，睹甲子，木行御，七十二日而毕；睹丙子，火行御，七十二日而毕；睹戊子，土行御，七十二日而毕；睹庚子，金行御，七十二日而毕；睹壬子，水行御，七十二日而毕。尹知章注：每时九十日，"而今七十二日而毕者，则季月十八日属土位故也"。如此，则四时与五行、五方、五色的对应关系，如下图：

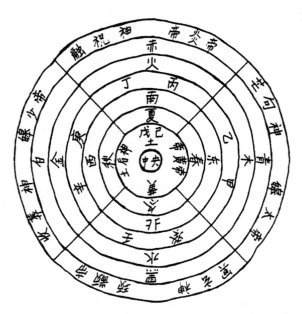

纪年图表 13　四时与五行、五方、五色对应关系

古代四时还有一些别称。根据《尔雅·释天》记载，以四时的天象称之，"春为苍天，夏为昊天，秋为旻天，冬为上天"。以四时的气象称之，"春为青阳，夏为朱明，秋为白藏，冬为玄英"。以四时的物象称之，"春为发生，夏为长嬴，秋为收成，冬为安宁"。古人诗文中，有时用四时的别称纪时。如宋代洪适编撰《隶释》卷一记载汉代《益州太守高联脩周公礼殿记》，首句云"汉初平五年仓龙甲戌旻天季月"。仓龙，即苍龙，太岁的别称。旻天，秋季的代称。季月，即九月。又《文选》卷九载潘安仁《射雉赋》："于时青阳告谢，朱明肇授。"徐爰注："时四月也。"这是说，春天已去，夏天始至，所以注说是四月。

（三）二十四节气

二十四节气，反映了春、夏、秋、冬四季的天气变化，与农业生产有着密切的关系。它是中国古代人民的独特创造，大约形成于战国时期。

上古时期，人们通过观察天象、气候与物候，确定季节，掌握时令，据以进行生产，安排生活。所以，在当时，天文成为人们普遍熟悉的知识。顾炎武《日知录》卷三十《天文》：

"三代以上，人人皆知天文。'七月流火'，农夫之辞也；'三星在天'，妇人之语也；'月离于毕'，戍卒之作也；'龙尾伏晨'，儿童之谣也。"后来，创制了圭表以测日影，确定二分（春分、秋分）、二至（夏至、冬至）。在二分、二至的基础上，逐步认识了四立（立春、立夏、立秋、立冬）。《左传》鲁僖公五年："凡分、至、启、闭，必书云物，为备故也。"杜预注："分，春、秋分也。至，冬、夏至也。启，立春、立夏。闭，立秋、立冬。"在战国末年成书的《吕氏春秋》十二纪中，记载了二分、二至、四立等八个节气的名称。在汉代前期成书的《淮南子·天文训》中，系统地记载了二十四节气的全部名称。据《淮南子·天文训》，斗指子为冬至，每过十五日为一节，依次为小寒、大寒、立春、雨水、惊蛰、春分、清明、谷雨、立夏、小满、芒种、夏至、小暑、大暑、立秋、处暑、白露、秋分、寒露、霜降、立冬、小雪、大雪。这是二十四节气全部名称的最早记载。

节气，古代称"气"，近代始称"节气"。二十四气的安排，决定于太阳，属阳历。人们看到太阳绕黄道运行一周，实际上是地球绕太阳公转一周，它的时间长度，称为回归年。一个回归年，约等于365.2422日。将一个回归年的时间长度分为二十四等份，一等份为一气。古代将一周天等分为十二次，则每次二气，其中，一气处于次的始点，犹如竹节之位，称节气；一气处于次的中点，称中气。《后汉书·律历志》："中之始曰节，与中为二十四气。"节气与中气各十二，相间排列。节气从小寒开始，依次为：小寒、立春、惊蛰、清明、立夏、芒种、小暑、立秋、白露、寒露、立冬、大雪；中气从冬至开始，依次为：冬至、大寒、雨水、春分、谷雨、小满、夏至、大暑、处暑、秋分、霜降、小雪。据《汉书·律历志》，十二次与二十四气有一定的对应关系：星纪，初大雪，中冬至；玄枵，初小寒，中大寒；娵訾，初立春，中雨水；降娄，初惊蛰，中春分；大梁，初清明，中谷雨；实沈，初立夏，中小满；鹑首，初芒种，中夏至；鹑火，初小暑，中大暑；鹑尾，初立秋，中处暑；寿星，初白露，中秋分；大火，初寒露，中霜降；析木，初立冬，中小雪。二十四气的这种定位方法，是将一个回归年的日数等分为二十四份，每一份日数约为 $365.2422 \div 24 \approx 15.2184$ 日。这个日数，就是两气之间的时间间隔。这种用平分一个回归年的时间长度确定的二十四气，称为"平气"。平气二十四气的划分，十二节气、十二中气与十二次、十二朔望月的对应关系，如下图（纪年图表14）。

事实上，二十四气与十二个朔望月的对应关系并不是十分稳固的。一个回归年约 365.2422 日，则两个中气之间的平均日

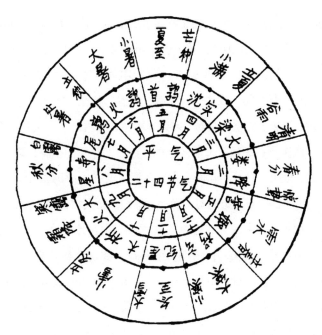

纪年图表 14　十二节气、十二中气与十二次、十二朔望月对应关系

数约为 365.2422÷12≈30.4368 日，而一个朔望月约为 29.5306
日。一个朔望月要比两个中气之间的时间间隔短约 30.4368－
29.5306≈0.9062 日。因此，中气在朔望月中的日期要逐月向
后推迟将近一日。这样向后推迟的结果，在约三十二个月以后
就必然出现一个没有中气的朔望月份，也就是说，本来应该在
这个月份的中气，被推迟到下一个月份里去了。汉武帝时期制

定的太初历规定，将没有中气的月份定为上月的闰月，闰月仍用上月的月序，称为"闰某月"。这样，以下的中气就可依旧固定在各自所在月序的月份里，以此保证中气与月序稳固的对应关系。《汉书·律历志》："朔不得中，是谓闰月。"《后汉书·律历志》："月四时推移，故置十二中以定月位，有朔而无中者为闰月。"太初历的这种置闰原则，使一个月的节气可在本月上半月与上月下半月的日期内前后移动，而中气却只能在本月的日期内前后移动。《月令章句》："中必在其月，节不必在其月。"① 说的就是这种情况。

　　人们通过长期观测，发现太阳的周年视运动，也就是太阳在一个回归年中的运行，是不等速的。据《隋书·天文志》记载，北魏末年，张子信根据自己的观测指出："日行在春分后则迟，秋分后则速。"唐代僧一行制定大衍历，对此有进一步说明。《新唐书·天文志》录载《大衍历历议》大要，其八《日躔盈缩略例》中提出："凡阴阳往来，皆驯积而变。日南至，其行最急。急而渐损，至春分，及中。而后迟。迨日北至，其行最舒。而渐益之，以至秋分，又及中。而后益急。急极而寒若，舒极而燠若，及中而雨旸之气交，自然之数也。"

---

① 《后汉书·律历志》刘昭注引。

这是因为，地球绕太阳公转的轨道不是正圆，而是椭圆，而太阳位于椭圆的一个焦点上。所以，地球在公转中与太阳的距离是不等的。轨道上离太阳最远的一点叫做"远日点"，最近的一点叫做"近日点"。地球在远日点与近日点的公转速度是不相同的：在远日点附近运行慢，在近日点附近运行快。这种情况，使人们看到的太阳在黄道上运行速度的快慢不等：夏天时行速慢，从春分到秋分，本是半年时间，却缓缓运行了186天多；冬天时行速快，从秋分到春分，本是半年时间，却只运行了179天多。春分到秋分中间的夏至前后，行速最慢，两个中气之间的时间间隔长达31天多；从秋分到春分中间的冬至前后，行速最快，两个中气之间的时间间隔仅有29天多。显然，用平分时间长度的平气之法确定的二十四气，两气之间的日数虽然相等，但却与实际天象不相吻合，确定的节气日期大都不是它们实际所在的日期。为了纠正这一缺点，清初改用平分黄道长度确定二十四气的办法。太阳绕黄道运行一周的时间长度为一个回归年。把黄道一周定为360度，以春分时太阳所在黄道上的位置为零度，每隔15度为一气。这种平分黄道长度确定的二十四气，称为"定气"。用定气之法确定的二十四气，两气之间的日数虽不相等，但却与实际天象相吻合。定气二十四气的划分，如下图：

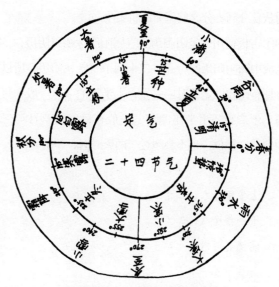

纪年图表15　定气二十四节气图

　　定气法，隋朝时刘焯在皇极历中已经提出，但是，迟至清代，才用于历日。置闰规则，原来都用平气，清初颁行时宪历开始采用定气置闰。《清史稿·时宪志》记载汤若望论清代时宪历与旧历的诸多不同，其中提到："曰置闰不同。旧法用平节气置闰，非也，改用太阳所躔天度以定节气。"这种置闰方法，一直沿用至今。采用定气置闰，因为夏至前后两个中气之间的时间长度长于一个朔望月，而冬至前后两个中气之间的时间长度短于一个朔望月，所以，从春分到秋分之间闰月的机会多，而从秋分到春分之间闰月的机会少。

中国古代使用的是阴阳历。气属阳历，朔属阴历，二者结合，构成中国阴阳历的特点。二十四节气既属阳历，所以与阳历的日期有比较固定的对应关系，上半年的节气一般在每月的六日与二十二日，下半年的节气一般在每月的八日与二十三日，即使前后移位，也不会超过一两天时间，即所谓：

> 上半年逢六、二十二，
> 下半年逢八、二十三。
> 即使有时对不上，
> 前后不差一二天。

为了便于记忆二十四节气名称，人们从每一节气名称中摘取一字，编联成一首四句七言歌谣：

> 春雨惊春清谷天，
> 夏满芒夏暑暑连。
> 秋处露秋寒霜降，
> 冬雪雪冬小大寒。